集成电路系列丛书 ·电子设计自动化·

国产EDA系列教材

半导体器件建模与测试实验教程

——基于华大九天器件建模与验证平台XModel

杜江锋　石艳玲　朱能勇 / 编著

U0287631

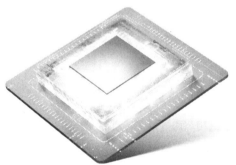

电子工业出版社
Publishing House of Electronics Industry
北京·BEIJING

内 容 简 介

本书基于国产 EDA 软件 Empyrean XModel 器件模型提取工具，系统、全面地介绍硅基 MOSFET 和 GaN HEMT 的器件建模、测试分析和参数提取的设计和实验全流程。本书在简要介绍半导体器件的基本理论、测试结构和测试方案的基础上，详细阐述 MOSFET BSIM 模型和参数提取实验、XModel 集成的数据图形化显示系统、MOSFET 器件直流模型和射频模型的提取实验、基于 ASM-HEMT 模型的 GaN 功率器件和射频器件的模型参数提取实验等，以及半导体器件中常见的各种二阶效应（如短沟道效应、版图邻近效应、工艺角模型和温度特性等）非线性模型参数的提取和验证方法。

本书力求做到理论与实践相结合，可作为高校半导体相关专业高年级本科生和研究生的教材，也可供从事半导体器件研发的工程师参考。

未经许可，不得以任何方式复制或抄袭本书之部分或全部内容。

版权所有，侵权必究。

图书在版编目（CIP）数据

半导体器件建模与测试实验教程 ： 基于华大九天器件建模与验证平台 XModel / 杜江锋，石艳玲，朱能勇编著. -- 北京 ： 电子工业出版社，2025. 1. --（集成电路系列丛书）. -- ISBN 978-7-121-49371-3

Ⅰ. TN303

中国国家版本馆 CIP 数据核字第 20247XV339 号

责任编辑：魏子钧（weizj@phei.com.cn）

印　　刷：三河市鑫金马印装有限公司
装　　订：三河市鑫金马印装有限公司
出版发行：电子工业出版社
　　　　　北京市海淀区万寿路 173 信箱　　　邮编：100036
开　　本：787×1092　　1/16　　印张：14　　字数：358 千字
版　　次：2025 年 1 月第 1 版
印　　次：2025 年 1 月第 1 次印刷
定　　价：58.00 元

凡所购买电子工业出版社图书有缺损问题，请向购买书店调换。若书店售缺，请与本社发行部联系，联系及邮购电话：（010）88254888，88258888。

质量投诉请发邮件至 zlts@phei.com.cn，盗版侵权举报请发邮件至 dbqq@phei.com.cn。

本书咨询联系方式：（010）88254613。

前　言

在摩尔定律的推动下，半导体器件的特征尺寸不断缩小，短沟道效应和版图邻近效应等二阶效应不断增强，严重影响了器件性能的稳定性和一致性，给半导体器件和集成电路性能的仿真带来了一系列的挑战。随着集成电路和计算机技术的飞速发展，电子设计自动化（EDA）技术对器件和电路设计人员越来越重要。在 EDA 工具中，电路仿真模拟分析是由 SPICE 仿真器来完成的，使用简单且精度高的 SPICE 仿真模型对缩短设计周期、降低成本、提高可靠性有着十分重要的意义。SPICE 仿真模型是实际器件功能和性能的数学表征，利用建立数学方程、构建等效电路和拟合工艺数据等方法对器件电流—电压关系进行精确描述，是电路仿真的重要基础，影响仿真的精度和速度。因此，半导体行业需要快速且精确的器件模型，否则设计人员无法准确进行电路仿真，进而影响电路性能。半导体器件模型参数提取工具应运而生。一款能快速且精确地提取器件模型参数的软件可以极大地节省开发时间和人力成本。

目前，全球仅有极少数的外国公司发布了 SPICE 模型仿真器和验证工具相关的 EDA 产品。为了打破外国公司在该领域的垄断地位，国产化替代势在必行。北京华大九天科技股份有限公司（简称华大九天）开发了半导体器件模型提取工具 Empyrean XModel，为用户提供了高效的模型提取解决方案。为了向集成电路领域从业人员全面推广我国具有自主知识产权的 EDA 工具，使半导体器件工程师和集成电路设计人员了解和掌握该软件的主要功能和使用方法，本书在介绍半导体器件工作原理、测试结构和测试方案的基础上，重点介绍了 Empyrean XModel 集成的数据图形化显示系统、器件典型特征模型和参数提取实验，同时对短沟道效应、版图邻近效应、工艺角和温度特性等各种二阶效应的模型提取及验证进行了详细的介绍，尤其对 GaN 基功率器件和射频器件的模型参数提取进行了详细阐述，并基于 ASM HEMT 模型对 GaN 器件的 I-V 参数、C-V 参数、S 参数和非线性大信号模型参数等的建模测试方案和提参实验进行了全面系统的介绍，填补了该领域半导体器件模型参数提取的空白。

本书共 11 章。其中，第 1 章至第 3 章、第 7 章至第 11 章由电子科技大学杜江锋教授负责编写，第 4 章至第 6 章由华东师范大学石艳玲教授负责编写。本书可作为半导体相关专业高年级本科生和研究生的教材，也可供相关领域的工程师参考。

第 1 章主要介绍硅基 MOSFET 的工作原理、电学特性、二阶效应和器件模型。

第 2 章主要介绍 MOSFET BSIM 建模测试结构设计、测试方案和模型参数提取流程。

第 3 章详细介绍 XModel 器件模型提参工具的基本功能和界面。

第 4 章主要介绍 MOSFET 器件特性测试的探针台和半导体器件参数分析仪 B1500 的测试模式和测试流程。

第 5 章主要介绍 MOSFET 主要电学特性（如 C-V 特性、转移特性、输出特性、泄漏电流和温度特性）的测试方法及测试步骤。

第 6 章详细阐述基于 XModel 的 MOSFET BSIM 模型参数的提取方法和实验流程。

第 7 章和第 8 章主要介绍 MOSFET 射频模型参数提取相关的内容，包括 MOSFET 射频模型发展历程，小信号等效电路及参数，基于矢量网络分析仪的测试环境搭建、校准、测试和提参方案等，以及基于 XModel 的 MOSFET 射频模型参数提取实验（去嵌、零偏置和不同偏置下寄生参数、衬底阻抗网络参数、噪声参数的提取等）。

第 9 章至第 11 章主要介绍 GaN HEMT 器件模型参数提取的相关内容。第 9 章简要介绍 GaN HEMT 的基本工作原理，并简述 ASM HEMT 模型和各种存在的二阶效应，作为后续 GaN 器件模型参数提取的理论基础。

第 10 章详细阐述基于 XModel 的 GaN HEMT 功率模型参数提取实验，在介绍功率器件建模测试方案之后，主要讨论基于 ASM HEMT 模型的 I-V 参数提取、电容参数提取和温度特性参数提取。

第 11 章主要讨论基于 XModel 的 GaN HEMT 射频模型参数提取实验，在介绍射频器件建模测试方案之后，详细阐述基于 ASM HEMT 模型的直流参数、S 参数和非线性大信号模型参数的提取方法和实验流程。

在本书编写过程中，华大九天在 XModel 的使用和操作方面给予了大力支持。本书是集体创作完成的。笔者统筹负责本书的编写工作，博士研究生田魁元、李柚、刘成艺在文字素材整理、软件操作界面截取和图表绘制等方面付出了大量艰辛的劳动，硕士研究生李畅、金海续、秦一凡等在资料收集和图文修订等方面给予了大力帮助。华东师范大学孙亚宾教授在直流建模实例方面付出了大量艰辛的劳动，博士研究生张佳宁、茹衍翔在软件操作界面截取和图表绘制方面也提供了大量的帮助。在此一并表示衷心的感谢。最后，笔者还要特别感谢电子工业出版社魏子钧编辑为本书出版所做的大量工作。

由于笔者水平有限，书中难免存在疏漏、不足甚至错误，恳切希望广大读者批评、指正。

杜江锋

2024 年 9 月于成都

目　　录

第1章

MOSFET 的特性和模型

如今，大规模集成电路主要采用场效应晶体管（Field Effect Transistor）结构。与双极型晶体管相比，场效应晶体管具有更高的输入阻抗，这有利于各级电路之间的直接耦合、大功率晶体管中各晶体管的并联以及输入端与微波系统的匹配。同时，场效应晶体管作为一种电压控制型多子导电器件，没有少子储存效应，开关速度显著提高，且在大电流工作时可以保持跨导的相对稳定。场效应晶体管还具有温度稳定性好、功耗低、噪声小以及制造工艺简单等诸多优势。

常见的场效应晶体管包括结型场效应晶体管（Junction Field Effect Transistor，JFET）和绝缘栅型场效应晶体管（Insulated Gate Field Effect Transistor，IGFET）。上述二者的区别是栅极电容的形成方式，结型场效应晶体管的栅极电容由 PN 结的耗尽区形成，而绝缘栅型场效应晶体管的栅极电容由金属-绝缘层-半导体结构形成。

如果绝缘栅型场效应晶体管中的栅下绝缘材料采用氧化物介质层，通常称其为金属-氧化物-半导体场效应晶体管（Metal-Oxide-Semiconductor Field Effect Transistor，MOSFET）。根据导电沟道中的载流子类型，MOSFET 可以分为 P 沟道 MOSFET（PMOS）和 N 沟道 MOSFET（NMOS）两种。

本章首先介绍 MOSFET 器件结构和基本工作原理，然后分析 MOSFET 基本电学特性，最后简要介绍 MOSFET 的二阶效应。

1.1 MOSFET 的器件结构和基本工作原理

1.1.1 MOSFET 的器件结构

MOSFET 根据工作模式可以分为增强型 MOSFET（常关型）和耗尽型 MOSFET（常开型），它们的等效电路符号以及输出特性和转移特性曲线见表 1.1。

表 1.1　不同类型 MOSFET 的等效电路符号和特性曲线

类型	符号	输出特性	转移特性
增强型 NMOS			
耗尽型 NMOS			
增强型 PMOS			
耗尽型 PMOS			

下面以 NMOS 为例简要介绍器件结构和制造工艺。首先，在低掺杂的 P 型衬底上利用扩散工艺制作两个高掺杂的 N+区，接着沉积电极金属层分别制作源极（Source，S）和漏极（Drain，D）；然后，在衬底表面，利用热氧化工艺生长一层二氧化硅（SiO_2），作为栅下绝缘层；最后，在绝缘层上蒸发铝金属层，作为 MOSFET 的栅极（Gate，G）。器件结构示意图如图 1.1 所示。随着 MOSFET 器件的特征尺寸不断缩小，铝栅与源漏扩散区之间的套刻不准导致的问题愈发严重，源、漏区与栅极重叠设计导致源、漏区与栅极之间的寄生电容变大，器件特性变差。在 MOSFET 制造中，通常采用多晶硅栅的自对准工艺来解决这个问题。

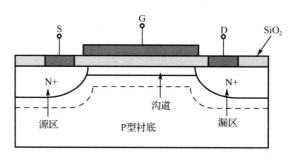

图 1.1　NMOS 基本结构

1.1.2　MOSFET 的工作原理

1. 阈值电压

在 NMOS 没有外加栅极电压时，N+源区与 N+漏区可以视为被两个背靠背的二极管隔离，此时，在源极与漏极之间加上漏源电压 V_{DS}，只能在源极和漏极间产生极小的 PN 结反向电流。当在栅极加上电压 V_{GS} 时，栅极下方会产生一个由栅极指向半导体内部的电场。继续增大 V_{GS}，由于电场的作用，栅极下方的半导体开始发生反型，形成连通源区和漏区的导电沟道。我们将使栅下衬底表面开始发生强反型的栅极电压称为 MOSFET 的阈值电压 V_{TH}，阈值电压是 MOSFET 的重要参数之一。通常在计算器件的阈值电压时，可近似认为衬底表面的空间电荷以及沟道内的空间电荷是完全由栅极与衬底之间的电压决定的，与漏极电压无关。本文以 NMOS 为例来推导阈值电压[1]。

如果 MOS 结构的金属-半导体功函数差 φ_{MS} 等于零，且栅氧化层的有效电荷面密度 Q_{OX} 为零，则其为理想 MOS 结构。在理想 MOS 结构中，沿着器件垂直方向的能带为水平分布，如图 1.2 所示。

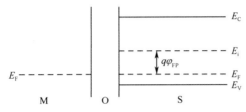

图 1.2　理想 MOS 结构的能带图

其中，φ_{FP} 为 P 型衬底的费米势，可由本征费米能级 E_i 与费米能级 E_F 的差除以电子电量 q 得到，即

$$\varphi_{FP} = \frac{1}{q}(E_i - E_F) \tag{1-1}$$

在实际的 MOS 结构中，φ_{MS} 小于零，Q_{OX} 大于零，于是，在 $V_{GS}=0$ 时，半导体一侧带负电荷，半导体的能带在表面附近向下弯曲[2]，如图 1.3 所示。

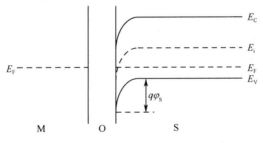

图 1.3　$V_{GS}=0$ 时实际 MOS 结构的能带图

若用 $q\varphi_s$ 表示能带的弯曲量，表面势 φ_s 表示半导体从表面到体内平衡处的电势差，可得

$$\varphi_s = -\varphi_{MS} + Q_{OX}/C_{OX} \tag{1-2}$$

如果对 MOSFET 的栅极施加一个适当的电压，使能带分布回到平带状态，则称这个电压为平带电压 V_{FB}，可得

$$V_{FB} = \varphi_{MS} - Q_{OX}/C_{OX} \tag{1-3}$$

当外加的栅极电压超过 V_{FB} 之后，栅下的半导体又会带负电荷，能带向下弯曲，可以认为超出部分的电压才是对 MOSFET 沟道电容充电的有效栅压，即 $V_{GS}-V_{FB}$。有效栅压一部分降在栅氧化层上，该部分电压降称为 V_{OX}；另一部分降在半导体上，即表面势 φ_s。

$$V_{GS} - V_{FB} = V_{OX} + \varphi_s \tag{1-4}$$

根据阈值电压的定义，当 $V_{GS}=V_{TH}$ 时，栅极下的半导体发生强反型，即半导体表面非平衡少子的浓度等于体内平衡多子的浓度，能带在表面附近向下的弯曲量为 $2q\varphi_{FP}$，如图1.4所示。阈值电压为平带电压与有效栅压之和。

$$V_{TH}=V_{FB}+V_{OX}+2\varphi_{FP} \tag{1-5}$$

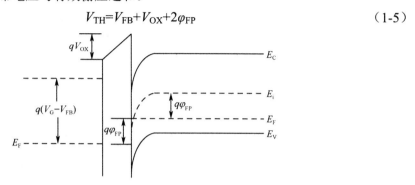

图 1.4 $V_{GS}=V_{TH}$ 时 MOS 结构的能带图

当考虑衬底偏置（偏置电压为 V_{BS}）时，栅氧化层上电压 V_{OX} 的表达式为

$$V_{OX}=\gamma\sqrt{\varphi_s-V_{BS}} \tag{1-6}$$

式中，γ 为体偏置系数，大小与衬底掺杂浓度 N_{sub} 有关，可以表示为

$$\gamma=\frac{\sqrt{2q\varepsilon_{si}N_{sub}}}{C_{oxc}} \tag{1-7}$$

式中，C_{oxc} 为有效栅氧化层电容。

上述阈值电压公式只适用于衬底掺杂均匀且沟道长度与宽度足够大的情况。当衬底非均匀掺杂或者沟道短且窄时，该公式就不再适用。因为在制作 MOSFET 时，采用离子注入掺杂工艺来调整器件的阈值电压大小，抑制穿通和热载流子效应。在这种情况下，不能再用上面的经典阈值电压模型来描述阈值电压特性，V_{TH} 不再与 $\sqrt{\varphi_s-V_{BS}}$ 呈线性关系，而是随着 V_{BS} 负向减小，体偏置系数 γ 减小。因此需要综合考虑非均匀掺杂效应对 V_{TH} 的影响。

2. 转移特性

以增强型 NMOS 为例，在正常工作时，应确保源区与衬底之间、漏区与衬底之间的 PN 结处于非正偏状态，一般将源极与衬底连接起来并接地，如图1.5所示。因此，源漏区以及沟道所组成的有源部分与衬底在电学上是完全隔离的。

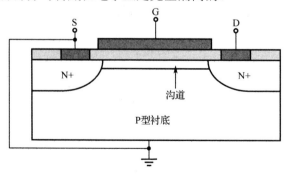

图 1.5 MOSFET 源极与衬底连接起来并接地

当 $V_{GS} > V_{TH}$ 时，由于沟道内有大量的可动电子，在源极与漏极之间加上漏源电压 V_{DS} 后，就能产生漏极电流 I_D。I_D 与 V_{GS} 间的关系称为转移特性曲线，如图 1.6 所示。在 V_{DS} 固定的情况下，当 $V_{GS} < V_{TH}$ 时，I_D 很小；当 $V_{GS} > V_{TH}$ 时，I_D 显著增大。沟道内的可动电子数随着 V_{GS} 的增大而增多，I_D 也就越大。在 V_{DS} 恒定的情况下，漏极电流随栅极电压的变化规律称为 MOSFET 的转移特性。当 V_{DS} 足够大时，I_D 是 V_{GS} 的二次函数。MOSFET 的转移特性反映了 V_{GS} 对 I_D 的控制能力，对于 NMOS 而言，当 $V_{TH} > 0$ 时，称为增强型（常关型）；当 $V_{TH} < 0$ 时，称为耗尽型（常开型）。

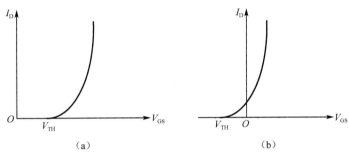

图 1.6　NMOS 的转移特性曲线：（a）增强型；（b）耗尽型

3. 输出特性

以增强型 NMOS 为例，在 $V_{GS} > V_{TH}$ 且恒定不变时，I_D 随 V_{DS} 变化的规律称为 MOSFET 的输出特性，如图 1.7 所示。输出特性曲线随着 V_{DS} 的增大可以分为三个不同的区域：非饱和区、饱和区和击穿区。

当 V_{DS} 很小时，栅极与沟道之间的电势差几乎不受 V_{DS} 影响，在各处近似相等，沟道厚度处处相等，沟道内的电子浓度也处处相等，如图 1.8 所示，可以将沟道看成一个与 V_{DS} 无关的电阻，此时 I_D 与 V_{GS} 之间近似呈线性关系，称为线性区或非饱和区。

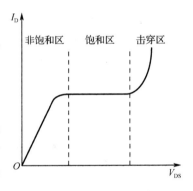

图 1.7　NMOS 的输出特性

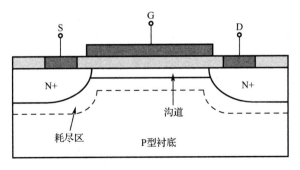

图 1.8　V_{DS} 较小时的导电沟道

V_{DS} 继续增大到可以影响沟道内的电势分布时，越向漏极靠近，栅极与沟道之间的电势差就越小，有效沟道长度减小，沟道内的可动电子数也减少，即这一部分的沟道电阻变大

导致 I_D 随着 V_{DS} 增大而增加的速率变慢，脱离线性关系，当 V_{DS} 增大到使栅极与沟道间电势差在漏极处为 0 时，沟道在漏极处"夹断"，此时的漏源电压称为饱和漏源电压 V_{Dsat}，I_D 达到最大值，且不再随电压增大而增大，输出特性曲线进入饱和区，如图 1.9 所示。

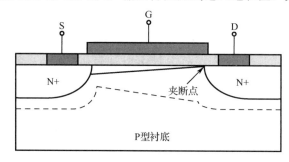

图 1.9　$V_{DS}=V_{Dsat}$ 时的导电沟道

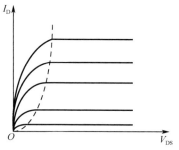

图 1.10　不同 V_{GS} 下的 MOSFET
输出特性曲线

　　在实际的 MOSFET 中，I_D 达到饱和值之后并不能保持完全不变，这是因为存在沟道长度调制效应和静电反馈作用，在达到饱和区之后，增大漏源电压，漏极电流会略有增大。

　　当 V_{DS} 增大到击穿电压时，由于雪崩倍增效应，漏 PN 结会发生击穿，或是漏区和源区之间发生穿通效应，I_D 急剧增大，MOSFET 输出特性曲线进入击穿区。

　　以栅源电压为参变量，可以画出不同 V_{GS} 下的 MOSFET 输出特性曲线，如图 1.10 所示，将各个曲线的夹断点连接起来，可以得到非饱和区与饱和区的分界线。

1.2　MOSFET 的基本电学特性

1.2.1　MOSFET 直流电流电压方程

1. 非饱和区直流电流电压方程

　　当 $V_{GS}>V_{TH}$ 时，栅极下的半导体表面发生强反型，形成含有大量自由电子的导电沟道。当 $V_{DS}>0$ 时，沟道内会存在横向电场，从而产生电子漂移电流[3]。定义增益因子 $\beta=\dfrac{W}{L}\mu_p C_{OX}$，非饱和区漏极电流的近似表达式为

$$I_D = \beta\left[(V_{GS}-V_{TH})V_{DS}-\frac{1}{2}V_{DS}^2\right] \qquad (1\text{-}8)$$

式中，L 和 W 分别代表沟道长度和沟道宽度。式（1-8）表明，I_D 与 V_{DS} 成抛物线关系。如图 1.11 所示。

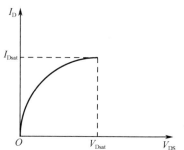

图 1.11　非饱和区 I_D 与 V_{DS} 的关系曲线

2．饱和区直流电流电压方程

当 V_{DS} 增大到 V_{Dsat} 时，沟道 L 处的电子电荷面密度 $Q_n(L)=0$，导电沟道处于夹断状态。此时对应的 V_{Dsat} 可令 $\dfrac{dI_D}{dV_{DS}}=0$ 求解得出。因此，饱和漏极电流 I_{Dsat} 为

$$I_{Dsat} = \beta\left[(V_{GS}-V_{TH})V_{Dsat}-\frac{1}{2}V_{Dsat}^2\right]$$

$$= \frac{1}{2}\beta(V_{GS}-V_{TH})^2 \tag{1-9}$$

当 $V_{DS}>V_{Dsat}$ 时，漏极电流主要由源区与沟道夹断点之间的电子运动速度来决定。在理想情况下，随着 V_{DS} 增大，I_D 可保持 I_{Dsat} 不变，即从抛物线顶点以水平方向向右延伸。若以不同的 V_{GS} 作为参变量，可得到 MOSFET 的输出特性曲线，如图 1.12 所示。但在实际情况下，当 $V_{DS}>V_{Dsat}$ 时，由于存在沟道长度调制效应和漏区静电场对沟道的反馈作用等影响因素，I_D

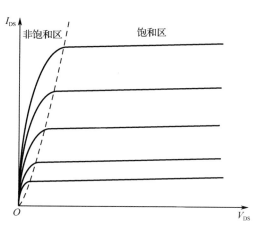

图 1.12　MOSFET 的输出特性曲线

随 V_{DS} 的增大而略有增大。因此，MOSFET 的增量输出电阻 R_{DS}（即漏源电阻）不是无穷大，而是一个有限的值。

1.2.2　MOSFET 直流参数与温度特性

1．导通电阻

当 MOSFET 工作在非饱和区且 V_{DS} 很小时，输出特性曲线呈线性。此时，MOSFET 相当于一个电阻值与 V_{DS} 无关的固定电阻。将非饱和区漏极电流公式（1-8）略去 V_{DS}^2 后，I_D 可表示为

$$I_D = \beta\left[(V_{GS}-V_{TH})V_{DS}-\frac{1}{2}V_{DS}^2\right] \approx \beta(V_{GS}-V_{TH})V_{DS} \tag{1-10}$$

当 V_{DS} 很小时，导通电阻 R_{on} 表示当 MOSFET 工作于非饱和区且 V_{DS} 很小时的沟道电阻。

$$R_{on} = \frac{V_{DS}}{I_D} = \frac{1}{\beta(V_{GS}-V_{TH})} = \frac{L}{W\mu_n C_{OX}(V_{GS}-V_{TH})} \tag{1-11}$$

由式（1-11）可知，R_{on} 与 $(V_{GS}-V_{TH})$ 成反比，与沟道的宽长比 W/L 成反比，与栅氧化层厚度 T_{OX} 成正比。

2．饱和漏极电流

在 V_{DS} 足够大且恒定的条件下，漏极电流饱和值记为 I_{DSS}，其表达式为

$$I_{DSS} = \pm\frac{W}{2L}\mu C_{OX}V_{TH}^2 \tag{1-12}$$

式（1-12）用于 NMOS 时取正号，用于 PMOS 时取负号。由式（1-12）可知，I_{DSS} 与沟道的宽长比 W/L 成正比，与 T_{OX} 成反比。

3．栅极电流

可将 MOSFET 的栅极近似为电容结构，对栅极的输入电容充电，使 MOSFET 的栅极电压增大。栅极与沟道之间的电流称为栅极电流 I_G。在 V_G 增大到 V_{TH} 之前，MOSFET 沟道不会导通。当 MOSFET 处于开启状态时，电流会流经栅极，对栅源电容和栅漏电容进行充电。在对 MOSFET 栅极外加偏置电压时，栅极会积累电荷，当栅极电压增大至 V_{TH} 时，MOSFET 导通。

由于栅极与导电沟道之间存在绝缘性能良好的 SiO_2 层，在外加电压的作用下，I_G 非常小，通常小于 10^{-14}A，这使 MOSFET 具有很大的输入电阻。但是当栅氧化层厚度减小到 3nm 及以下时，由载流子隧道穿通效应产生的栅极泄漏电流将不可忽略，穿通效应主要在栅极与栅氧化物下面的半导体之间产生。隧穿载流子为电子或空穴，具体由栅极的掺杂类型以及偏置状态所决定。栅极隧穿电流由三部分组成（见图 1.13）：一是从栅极流向衬底的隧穿电流 I_{gb}；二是从栅极流向沟道的电流 I_{gc}，大小为栅极漏端电流 I_{gcd} 与栅极源端电流 I_{gcs} 之和；三是栅极流向漏极和源极扩散区域的电流 I_{GS} 和 I_{GD}。

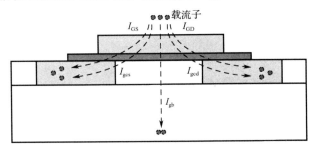

图 1.13　栅极隧穿电流的组成示意图

4．衬底电流

衬底电流由碰撞电离产生的衬底电流 I_{ii} 和栅致漏电电流 I_{GIDL}、I_{GISL} 组成。NMOS 的衬底电流 I_{sub} 是空穴流向衬底形成的，因为沟道中的电子流通过源和漏之间的电场加速形成高速电子流，高速电子流会撞击漏端附近的耗尽区（也称夹断区）的电子空穴对，产生热空穴和热电子，热空穴会被最低电位的衬底收集形成衬底电流 I_{sub}。

5．漏源击穿电压 BV$_{DS}$

当 V_{DS} 超过一定限度时，I_D 将迅速上升。这种现象称为漏源击穿，使 I_D 迅速上升的漏源电压称为漏源击穿电压，记为 BV$_{DS}$。MOSFET 产生漏源击穿的机理有两种：一是漏区 PN 结发生雪崩击穿，二是漏源穿通。

（1）漏区 PN 结发生雪崩击穿。当源极与衬底相连时，V_{DS} 对漏区 PN 结是反向电压。当 V_{DS} 增加到一定程度时，漏区 PN 结就会发生雪崩击穿。如图 1.14 所示，由于在漏极和栅极之间存在附加电场，MOSFET 的漏源击穿电压远低于相同掺杂和结深的 PN 结雪崩穿电压。当衬底掺杂浓度小于 10^{16}cm^{-3} 时，雪崩击穿电压的大小 BV_{DS} 就主要取决于 V_{GS} 的极性、大小，栅氧化层厚度 T_{OX}，衬底掺杂浓度和结深。

（2）漏源穿通。如果 MOSFET 的沟道长度较短且衬底电阻率较高，当 V_{DS} 增大到一定程度时，虽然漏区与衬底间尚未发生雪崩击穿，但漏极 PN 结的耗尽区却已经扩展到与源区相连，这种现象称为漏源穿通。NMOS 发生漏源穿通时的能带图如图 1.15 所示，V_1 是未发生源漏穿通时的漏源电压，V_2 是已经发生源漏穿通时的漏源电压。

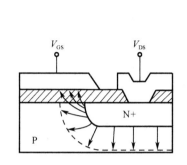

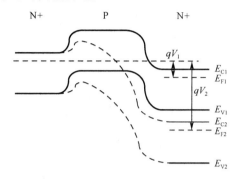

图 1.14 漏区 PN 结发生雪崩击穿时的电场分布情况   图 1.15 NMOS 发生漏源穿通时的能带图

发生漏源穿通后，如果 V_{DS} 继续增大，源区 PN 结上会出现正偏，使电子从源区注入沟道。这些电子将被耗尽区内的强电场扫入漏区，从而产生较大的漏极电流。导致漏源穿通的漏源电压称为穿通电压 V_{PT}，其表达式为

$$V_{PT} = \frac{qN_A}{2e_s}L^2 \tag{1-13}$$

式（1-13）表明，沟道长度 L 越短、衬底掺杂浓度 N_A 越小，V_{PT} 就越低。由于沟道掺杂浓度远低于源漏区，所以穿通现象是除工艺水平外限制 L 缩短的重要因素之一。

6. 栅源击穿电压 BV_{GS}

当 V_{GS} 超过一定的限度时，栅氧化层会发生击穿，栅极与栅氧化层下面的半导体衬底之间会出现短路，从而造成 MOSFET 永久性损坏。使栅氧化层发生击穿的栅源电压称为栅源击穿电压 BV_{GS}，BV_{GS} 与 T_{OX} 成正比。

由于 MOS 电容上存储的电荷不易泄放，且电容值较小，故很少的电荷即可导致很高的电压，从而导致栅氧化层击穿。由于这种击穿是破坏性的，因此，在存放与测试 MOSFET 时，为防止静电，要注意使栅极保持良好的接地状态。

7. 温度特性

（1）V_{TH} 与温度的关系。在一定的温度范围内，氧化层电荷面密度 Q_{OX} 和金属半导体功函数差 ϕ_{MS} 几乎与温度无关，MOSFET 阈值电压公式中与温度关系密切的只有衬底费米势 φ_{FB}。将 NMOS 的费米势 φ_{FB} 对 T 求导数得

$$\frac{\mathrm{d}\varphi_{\mathrm{FB}}}{\mathrm{d}T} = \frac{\mathrm{d}\frac{kT}{q}\ln\frac{N_{\mathrm{A}}}{n_{\mathrm{i}}}}{\mathrm{d}T} = \frac{\mathrm{d}\left\{\frac{kT}{q}\ln\left[\frac{N_{\mathrm{A}}}{\sqrt{N_{\mathrm{C}}N_{\mathrm{V}}}}\exp\left(\frac{E_{\mathrm{G}}}{2kT}\right)\right]\right\}}{\mathrm{d}T} \tag{1-14}$$

$$= \frac{k}{q}\ln\frac{N_{\mathrm{A}}}{\sqrt{N_{\mathrm{C}}N_{\mathrm{V}}}}$$

式中，$\sqrt{N_{\mathrm{C}}N_{\mathrm{V}}} > N_{\mathrm{A}}$，故对于 NMOS 而言，$\frac{\mathrm{d}V_{\mathrm{TH}}}{\mathrm{d}T} < 0$，$V_{\mathrm{TH}}$ 具有负温系数。V_{TH} 的温度系数也会随衬底偏压 V_{BS} 的增大而减小。同理，对于 PMOS 而言，V_{TH} 具有正温系数。通常在 $-55\,^{\circ}\mathrm{C} \sim 125\,^{\circ}\mathrm{C}$ 的范围内，V_{TH} 与 T 呈线性关系。

（2）I_{D} 与温度的关系。根据式（1-8），将 I_{D} 对温度 T 求导数可得

$$\frac{\mathrm{d}I_{\mathrm{D}}}{\mathrm{d}T} = \frac{\partial I_{\mathrm{D}}}{\partial \mu_{\mathrm{n}}}\frac{\mathrm{d}\mu_{\mathrm{n}}}{\mathrm{d}T} + \frac{\partial I_{\mathrm{D}}}{\partial V_{\mathrm{TH}}}\frac{\mathrm{d}V_{\mathrm{TH}}}{\mathrm{d}T} = \frac{I_{\mathrm{D}}}{\mu_{\mathrm{n}}}\frac{\mathrm{d}\mu_{\mathrm{n}}}{\mathrm{d}T} - \frac{Z}{L}\mu_{\mathrm{n}}C_{\mathrm{OX}}V_{\mathrm{DS}}\frac{\mathrm{d}V_{\mathrm{TH}}}{\mathrm{d}T} \tag{1-15}$$

I_{D} 与温度关系密切的参数为 V_{TH} 与 μ_{n}，由于 $\mu_{\mathrm{n}} \propto T^{-\frac{3}{2}}$，故 $\frac{\mathrm{d}\mu_{\mathrm{n}}}{\mathrm{d}T} < 0$。因为 NMOS 的 $\frac{\mathrm{d}V_{\mathrm{TH}}}{\mathrm{d}T} < 0$，所以 $\frac{\mathrm{d}I_{\mathrm{D}}}{\mathrm{d}T}$ 的正负取决于 I_{D} 的大小，即（$V_{\mathrm{GS}} - V_{\mathrm{TH}}$）的大小。当（$V_{\mathrm{GS}} - V_{\mathrm{TH}}$）较大时，$\frac{\mathrm{d}I_{\mathrm{D}}}{\mathrm{d}T} < 0$，$I_{\mathrm{D}}$ 具有负温系数；当（$V_{\mathrm{GS}} - V_{\mathrm{TH}}$）较小时，$\frac{\mathrm{d}I_{\mathrm{D}}}{\mathrm{d}T} > 0$，$I_{\mathrm{D}}$ 具有正温系数。

令 $\frac{\mathrm{d}I_{\mathrm{D}}}{\mathrm{d}T} = 0$，可得 I_{D} 的温度系数为零时的条件，此时 I_{D} 将不随温度的变化而变化。因此只要选择适当的工作条件，MOSFET 就会有很高的温度稳定性。当（$V_{\mathrm{GS}} - V_{\mathrm{TH}}$）较大时，即 I_{D} 较大导致功耗较大时，I_{D} 的温度系数为负，这有利于 MOSFET 的温度稳定性。

1.2.3　MOSFET 小信号参数

1. 跨导 g_{m}

跨导 g_{m} 代表转移特性曲线的斜率，反映了 V_{GS} 对 I_{D} 的控制能力，即反映了 MOSFET 的增益大小，其定义式如下

$$g_{\mathrm{m}} = \frac{\partial I_{\mathrm{D}}}{\partial V_{\mathrm{GS}}}\Big|_{V_{\mathrm{DS}}} \tag{1-16}$$

非饱和区与饱和区跨导的表达式分别为式（1-17）和式（1-18）。

$$g_{\mathrm{m}} = \beta V_{\mathrm{DS}} \tag{1-17}$$

$$g_{\mathrm{ms}} = \beta(V_{\mathrm{GS}} - V_{\mathrm{TH}}) = \beta V_{\mathrm{Dsat}} \tag{1-18}$$

以 V_{GS} 为参变量的 g_{m}-V_{DS} 特性曲线如图 1.16 所示。

为了增大 MOSFET 的饱和区跨导 g_{ms}，从器件角度来说，应增大 β，即增大 W/L，提高 μ，减小 T_{OX}；从电路角度来说，应增大 V_{GS}[4]。

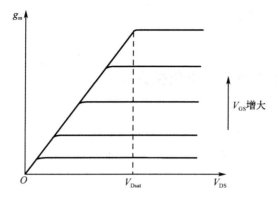

图 1.16　以 V_{GS} 为参变量的 g_m-V_{DS} 特性曲线

2. 漏源电导 g_{DS}

g_{DS} 是输出特性曲线的斜率，也是 R_{DS} 的倒数，其定义式如下

$$g_{DS} = \frac{\partial I_D}{\partial V_{DS}}|_{V_{GS}} \qquad (1\text{-}19)$$

式（1-19）反映了 MOSFET 的 I_D 随 V_{DS} 的变化情况。以 V_{GS} 为参变量，MOSFET 的 g_{DS}-V_{DS} 特性曲线如图 1.17 所示。

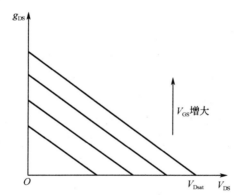

图 1.17　以 V_{GS} 为参变量的 g_{DS}-V_{DS} 特性曲线

当 $V_{DS} = V_{Dsat}$ 时，漏源电导 g_{DS} 为零。但由于存在沟道长度调制效应，I_{Dsat} 随着 V_{DS} 的增大而略微增大，同时，漏区静电场对沟道区的反馈作用等因素使饱和区的 g_{Dsat} 略大于 0。在模拟电路中，通常要求饱和区的漏源电导 g_{Dsat} 尽量小，降低 g_{Dsat} 的措施与降低沟道长度调制效应的措施是类似的。

3. 电压放大系数 μ

在非饱和区，MOSFET 的 β 的表达式为

$$\beta = -\frac{\partial V_{DS}}{\partial V_{GS}}|_{I_D} = \frac{g_m}{g_{DS}} = \frac{V_{DS}}{V_{GS} - V_{TH} - V_{DS}} \qquad (1\text{-}20)$$

在饱和区，g_m 达到最大值。当不考虑沟道长度调制效应和漏区静电场对沟道区的反馈作用时，$g_{Dsat} = 0$，因此饱和区的 β 应趋于无穷大。实际上，由于存在沟道长度调制效应等

因素，因此 β 为有限值。模拟电路中的 MOSFET 常工作在饱和区，希望 β 尽量大，故应尽量增大 g_{ms}，减小 g_{Dsat}。

1.2.4　MOSFET 电容参数和 $C\text{-}V$ 特性曲线

MOSFET 的电容主要分为本征电容和寄生电容。本征电容是对电学特性起主要作用的部分，包括栅源电容 C_{GS}、栅漏电容 C_{GD} 和栅衬电容 C_{GB}。由于工艺原因，栅极和源漏极之间的重叠是很难避免的，这就产生了寄生的交叠电容。

由于沟道电荷的密度对各电极的偏压敏感，同时载流子的迁移率对多种散射因素敏感，MOSFET 的电容会随着工作电压和工作频率的变化而发生改变。

1. 栅极电容 C_{gg}

在漏、源极对交流短路的情况下，当 V_{GS} 增大 ΔV_{GS} 时，沟道内的载流子电荷量将产生相应的变化量 ΔQ_{ch}。这相当于一个电容，定义为栅极电容 C_{gg}，表达式如下

$$C_{gg} = -\left.\frac{\mathrm{d}Q_{ch}}{\mathrm{d}V_{GS}}\right|_{V_{DS}=\text{常数}} \tag{1-21}$$

NMOS 的 $C\text{-}V$ 特性测试曲线如图 1.18 所示。在评估器件的栅氧可靠性时，常用 MOSFET 器件栅极电容的 $C\text{-}V$ 特性（$C_{GS}\text{-}V_{GS}$ 特性或 $C_{GD}\text{-}V_{GS}$ 特性）来分析栅极不同位置的退化程度及退化机理。$C\text{-}V$ 特性是 MOS 的基本特性，通过测量 $C\text{-}V$ 特性，可以了解半导体表面的状态，了解 SiO_2 层和 SiO_2/Si 界面各种电荷的性质，测量 MOS 的许多重要参数，如氧化层厚度 T_{OX}、半导体掺杂浓度 N_A（或 N_D）和氧化层电荷密度 Q_{OX}。

对 MOSFET 外加栅压，在直流电压上叠加一个交流小信号电压进行测量。通过设置不同的直流电压调整器件的偏置工作点，改变栅极电压大小，使 MOSFET 先后处于载流子堆积、平带、耗尽、本征、反型等几种不同状态，以得到完整的 $C\text{-}V$ 特性测试曲线。

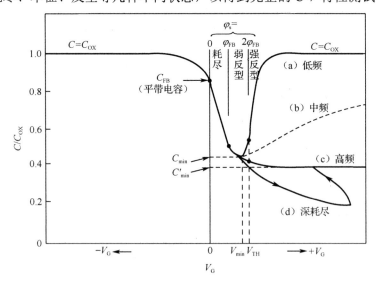

图 1.18　NMOS 的 $C\text{-}V$ 特性测试曲线

2. 栅源寄生电容 C'_{GS} 和栅漏寄生电容 C'_{GD}

栅源寄生电容 C'_{GS} 和栅漏寄生电容 C'_{GD} 由金属栅极与漏、源区的交叠电容构成,如图 1.19 所示。C'_{GD} 在漏极与栅极之间起负反馈作用,会使增益降低。采用硅栅自对准工艺可减小交叠区域,从而减小 C'_{GS} 与 C'_{GD}。

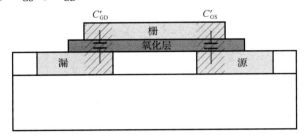

图 1.19 C'_{GS} 与 C'_{GD} 形成示意图

包含寄生参数的 MOSFET 等效电路模型如图 1.20 所示,包含 MOSFET、漏源导通电阻 R_{on},以及栅源寄生电容 C'_{GS},栅漏寄生电容 C'_{GD},漏源寄生电容 C'_{DS},寄生电感 L_G、L_D、L_S,体二极管 D_B,栅极内部电阻 R_G。这些内部寄生元件会导致开关振荡、串扰等问题。

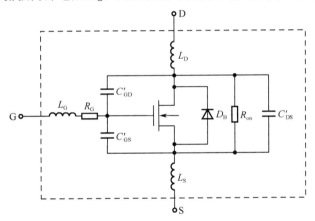

图 1.20 包含寄生参数的 MOSFET 等效电路模型

1.2.5 MOSFET 频率参数

1. 最高工作频率 f_T

当输出端短路时,能够得到最大输出电流。最高工作频率是使最大输出电流与输入电流相等(即最大电流增益下降到 1)时的频率,也称为截止频率,记为 f_T,表达式为

$$f_T = \frac{g_{ms}}{2\pi(C'_{GS} + C_{GS} + C'_{GD})} \tag{1-22}$$

当忽略寄生电容 C'_{GS} 和 C'_{GD} 时,f_T 为

$$f_T = \frac{g_{ms}}{2\pi C_{GS}} = \frac{1}{2\pi}\left[\frac{3}{2}\frac{\mu_n(V_{GS} - V_{TH})}{L^2}\right] \tag{1-23}$$

由式（1-23）可知，提高 f_T 的措施是缩短沟道长度，提高载流子迁移率，提高栅源电压。

2．最高振荡频率 f_M

当输出端共轭匹配，即负载电阻 R_L 和输出电阻 r_{DS} 相等时，能够得到最大输出功率。最高振荡频率 f_M 定义为使最大功率增益 K_{pmax} 下降到 1 时的频率，表达式为

$$f_M = \frac{g_{ms}}{2\pi C_{GS}}\left(\frac{r_{DS}}{4R_{GS}}\right)^{\frac{1}{2}} = f_T\left(\frac{r_{DS}}{4R_{GS}}\right)^{\frac{1}{2}} \tag{1-24}$$

3．跨导截止频率 f_{gm}

f_{gm} 称为跨导截止频率，指当跨导 $|g_{ms}(\omega)|$ 下降到低频值的 $\frac{1}{\sqrt{2}}$ 时的频率，表达式为

$$f_{gm} = \frac{1}{2\pi R_{GS}C_{GS}} = \frac{15}{8\pi}\frac{\mu_n(V_{GS} - V_{TH})}{L^2} \tag{1-25}$$

由式（1-25）可知，从器件设计的角度，提高 f_{gm} 的措施主要是缩短沟道长度，其次是提高载流子迁移率；从器件使用的角度，提高 f_{gm} 则应提高栅源电压。

1.3　MOSFET 的二阶效应

1.3.1　背栅效应

实际应用中，衬底与源极的电位并不一定保持相同。一般情况下，NMOS 衬底接电路的最低电位，有 $V_{BS}\leqslant0$；对 PMOS 而言，衬底接电路最高电位，有 $V_{BS}\geqslant0$。MOSFET 的阈值电压随衬底与源极之间电位的不同而发生变化，这一效应称为背栅效应[5]。

阈值电压的大小受耗尽层电离杂质电荷的影响，耗尽层中的电离杂质电荷越多，MOSFET 的开启就越困难，阈值电压就越高。以 NMOS 为例，假设 $V_S=V_D=0$，且 V_{GS} 略小于阈值电压，栅下形成耗尽区但没有反型层存在。当 V_{BS} 进一步减小时，栅极和衬底之间的电位差加大，更多的空穴被吸引到衬底，耗尽层厚度变大，耗尽层中的电离杂质电荷增多，从而使阈值电压变大。耗尽区电荷随衬底电压的变化如图 1.21 所示。

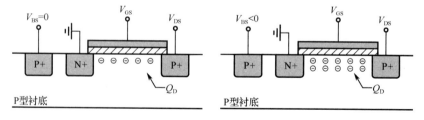

图 1.21　耗尽区电荷随衬底电压的变化

由阈值电压的表达式（1-5）可求出外加衬底偏压后阈值电压的增加量，即

$$\Delta V_{TH} = K(2\varphi_{FP})^{\frac{1}{2}}\left[\left(1 - \frac{V_{BS}}{2\varphi_{FP}}\right)^{\frac{1}{2}} - 1\right] \tag{1-26}$$

式中，$K = \dfrac{(2q\varepsilon_s N_A)^{\frac{1}{2}}}{C_{OX}}$，称为 P 型衬底的体因子。由于 $V_{BS}<0$，故 $\Delta V_{TH}>0$，且随$|V_{BS}|$的增大而增大。此外，由式（1-26）还可知，ΔV_{TH} 与 K 成正比，又由 K 的表达式可知，栅氧化层越厚，衬底掺杂浓度越高，背栅效应就越严重。

1.3.2　沟道长度调制效应

当 $V_{DS}=V_{Dsat}$ 时，在 NMOS 沟道漏端 $y=L$ 处，有 $V(L)=V_{Dsat}$，$Q_n(L)=0$（Q_n 为沟道电子电荷面密度），沟道在此处被夹断。夹断点电势为 V_{Dsat}，沟道上的压降也是 V_{Dsat}，夹断点处栅极与沟道间的电势差为 $V_{GS}-V_{Dsat}=V_{TH}$。当 $V_D>V_{Dsat}$ 时，沟道中各点的电势均上升，使 $V(y)=V_{Dsat}$ 和 $Q_n(y)=0$ 的位置向左移动，即夹断点向左移动，这使得沟道的有效长度缩短，如图 1.22 所示。沟道有效长度随 V_{DS} 的增大而缩短的现象称为沟道长度调制效应。

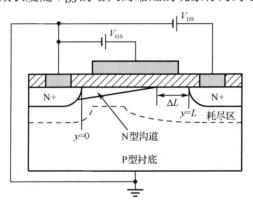

图 1.22　NMOS 的沟道长度调制效应

当 $V_{DS}>V_{Dsat}$ 时，可将 V_{DS} 看作两个部分：一部分落在缩短的沟道上；另一部分落在夹断点右边的夹断区域上，该区域长度用 ΔL 表示。沟道夹断点处的栅极与沟道间的电势差仍为 $V_{GS}-V_{Dsat}=V_{TH}$。夹断区域可以看作漏 PN 结耗尽区的一部分，长度随着 V_{DS} 的增大而扩展，使有效沟道长度 $L'=L-\Delta L$ 随 V_{DS} 的增大而缩短。仍可利用一维 PN 结理论中耗尽区宽度与电压之间的关系来估算夹断区域的长度 ΔL，即

$$\Delta L = \left[\frac{2\varepsilon_s(V_{DS}-V_{Dsat})}{qN_A}\right]^{1/2} \tag{1-27}$$

当有效沟道长度 L' 随 V_{DS} 的增大而缩短时，沟道电阻会减小，而落在沟道上的压降不变，所以沟道电流就会增大。将 L' 代入沟道电流的表达式，可以更直观地看到这种现象。由于 $1/L'\approx(1+\Delta L/L)/L$，且假设 $\Delta L/L$ 和 V_{DS} 之间的关系是线性的，令 $\Delta L/L=\lambda V_{DS}$，在饱和区可以得到

$$I_D \approx \frac{1}{2}\mu_n C_{OX}\frac{W}{L}(V_{GS}-V_{TH})^2(1+\lambda V_{DS}) \qquad （1-28）$$

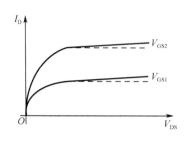

图 1.23　沟道长度调制效应引起 I_D-V_{DS} 特性曲线在饱和区出现非零斜率

式中，λ 为沟道长度调制系数。如图 1.23 所示，I_D-V_{DS} 特性曲线在饱和区出现非零斜率。参数 λ 表示给定的 V_{DS} 增量所引起的沟道长度的相对变化量，故沟道越长，λ 值越小。

由式（1-27）和式（1-28）可知，对于沟道较长及衬底掺杂浓度较高的 MOSFET，沟道长度调制效应并不显著，I_D 趋于饱和。反之，对于沟道较短及衬底掺杂浓度较低的 MOSFET，沟道长度调制效应比较显著，ΔL 随 V_{DS} 的增大而增大，使 I_D 随 V_{DS} 的增大而增大，即 I_D 并不饱和。

1.3.3　亚阈值导电

当栅源电压小于阈值电压时，MOSFET 沟道并不会像理想情况下突然关断。在 $V_{GS}\approx V_{TH}$ 时，存在一个"弱"的反型层，导致出现微弱的漏源电流。甚至当 $V_{GS}<V_{TH}$ 时，I_D 也与 V_{GS} 呈指数关系，而不是无限小。这种效应称作亚阈值导电。以 NMOS 为例，本征电压 V_i 指的是使半导体表面附近的能带向下弯曲到 $q\varphi_{FP}$ 时（φ_{FP} 为 P 型衬底的费米势）的栅源电压，此时半导体的表面处于本征状态。而当 $V_i<V_{GS}<V_{TH}$ 时，半导体表面处于弱反型状态，而其电子浓度介于本征载流子浓度与衬底平衡多子浓度之间，已完成反型但电子浓度很小。在外加 V_{DS} 后，MOSFET 会存在微小的导电电流，该电流称为亚阈漏极电流 I_{Dsub} 或次开启电流。此时，半导体表面的弱反型状态称为亚阈值区。

在亚阈值导电的过程中，表面弱反型层中的电子浓度很低，但沿沟道方向的电子浓度梯度很大，因此沟道中的漂移电流很小而扩散电流很大。这与强反型时的导电情况正好相反，此时可以忽略漂移电流，可假设亚阈漏极电流完全是由扩散电流构成的。因此，可采用与推导均匀基区双极晶体管集电极电流类似的方法来推导 I_{Dsub}，导出的 I_{Dsub} 表达式为

$$I_{Dsub}=\frac{Z}{L}\mu_n\left(\frac{kT}{q}\right)^2 C_D \exp\left[\frac{q}{kT}\left(\frac{V_{GS}-V_{TH}}{n}\right)\right]\left[1-\exp\left(-\frac{qV_{DS}}{kT}\right)\right] \qquad （1-29）$$

式中，$n=1+C_D/C_{OX}$，C_D 为沟道下的耗尽层电容，C_{OX} 为栅氧化层电容。

当 V_{DS} 不变时，I_{Dsub} 与 V_{GS} 呈指数关系，类似于 PN 结的正向伏安特性。由于因子 n 的存在，I_{Dsub} 随 V_{GS} 增大的速度要比 PN 结正向电流慢一些。当 V_{GS} 不变时，I_{Dsub} 随 V_{DS} 的增大而增大，而当 V_{DS} 大于 kT/q 的 3 倍以上时，I_{Dsub} 变得与 V_{DS} 无关，即 I_{Dsub} 对 V_{DS} 发生饱和，这类似于 PN 结的反向伏安特性。

通常采用亚阈值摆幅 S（亚阈值斜率的倒数）来量化描述 MOSFET 随栅极电压变化快速关断的情形，其定义为 I_{Dsub} 减小一个数量级所需的 V_{GS} 的变化量。

$$S=\frac{dV_{GS}}{d(\lg I_{Dsub})}=\frac{nkT}{q}\ln 10=\ln 10\left(\frac{kT}{q}\right)\left(\frac{C_{OX}+C_D}{C_{OX}}\right)\ln 10 \qquad （1-30）$$

当温度一定时，S 的值取决于 n。由 $n=1+C_D/C_{OX}$ 可知，C_D 越大，C_{OX} 越小，n 就越大，故 S 就越大。S 的增大意味着 V_{GS} 对 I_{Dsub} 的控制能力减弱，会影响数字电路的关态噪声容限和模拟电路的功耗、增益、信号失真、噪声特性等。

1.3.4　短沟道效应

随着沟道长度缩短，一些原来可以忽略的效应将变得显著，甚至成为主导因素，从而使 MOSFET 出现一些在长沟道器件模型中不易发生的现象。通常将这些现象统称为短沟道效应。

1. 小尺寸效应

（1）阈值电压的短沟道效应。

当 MOSFET 的沟道长度 L 缩短到可与源、漏区的结深 x_j 相比拟时，阈值电压 V_{TH} 将随着 L 的缩短而减小，这称为阈值电压的短沟道效应。其原因是源、漏区对沟道下耗尽区的电离杂质电荷面密度 Q_A 的影响，如图 1.24 所示。

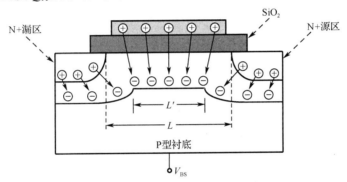

图 1.24　源、漏区对 Q_A 的影响

以 NMOS 为例，考虑源、漏区的影响，将 Q_A 改为平均电荷面密度 Q_{AG}，Q_{AG} 的表达式为

$$Q_{AG} = Q_A\left\{1 - \frac{x_j}{L}\left[\left(1+2\frac{x_d}{x_j}\right)^{\frac{1}{2}} - 1\right]\right\} \tag{1-31}$$

因此，阈值电压的表达式变为

$$V_{TH} = \varphi_{MS} - \frac{Q_{OX}}{C_{OX}} - \frac{Q_{AG}}{C_{OX}} + 2\varphi_{FP} \tag{1-32}$$

由式（1-31）可知，当 L 远大于 x_j 时，Q_{AG} 约等于 Q_A，此时 V_{TH} 与 L 的值无关；而当 L 远小于 x_j 时，L 越小，$|Q_{AG}|$ 就越小，从而 V_{TH} 就越小。

（2）阈值电压的窄沟道效应。

当 MOSFET 的沟道宽度 W 很小时，V_{TH} 将随 W 的减小而增大，这称为阈值电压的窄沟道效应。

在实际的制造工艺中，栅电极金属不可避免会有一部分覆盖在沟道宽度以外的场氧化层上，因此在场氧化层下的半导体衬底表面会存在一些耗尽区电荷，如图 1.25 所示。当沟道很宽时，这些电荷可被忽略。但当沟道很窄时，这些电荷在整个沟道耗尽区中所占的比例变大，需要外加更高的栅压才能使栅下的半导体反型。

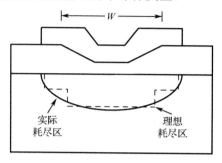

图 1.25 窄沟道时的耗尽区

假设沟道耗尽区在沟道每个侧面的平均扩展距离为 ΔW，则沟道耗尽区总宽度为 $W+2\Delta W$，可以导出沟道耗尽区的平均电离杂质电荷面密度为

$$Q_{AG} = Q_A\left(1 + \frac{2\Delta W}{W}\right) \tag{1-33}$$

由于扩展的耗尽区内的电荷也是由 V_{GS} 产生的，可得窄沟道 MOSFET 的阈值电压为

$$V_{TH} = \varphi_{MS} - \frac{Q_{OX}}{C_{OX}} - \frac{Q_A}{C_{OX}}\left(1 + \frac{2\Delta W}{W}\right) + 2\varphi_{FP} \tag{1-34}$$

由式（1-34）可知，对于一定的 ΔW，当 W 很大时，V_{TH} 与 W 无关；当 W 很小时，V_{TH} 将随 W 的变小而增大。

2．迁移率调制效应

（1）V_{GS} 对 μ 的影响。

影响沟道内自由载流子迁移率的散射机制通常有三种：晶格散射、库仑散射和表面散射。各种迁移率之间的关系如下

$$\frac{1}{\mu_0} = \frac{1}{\mu_{晶格}} + \frac{1}{\mu_{库仑}} + \frac{1}{\mu_{表面}} = \frac{1}{\mu_{体内}} + \frac{1}{\mu_{表面}} \tag{1-35}$$

式中，μ_0 代表弱场时的迁移率；$\mu_{晶格}$、$\mu_{库仑}$ 和 $\mu_{表面}$ 分别代表晶格散射迁移率、库仑散射迁移率和表面散射迁移率；$\mu_{体内}$ 代表体内散射迁移率，是 $\mu_{晶格}$ 与 $\mu_{库仑}$ 的影响之和。

实验表明，衬底掺杂浓度在 $10^{15}\sim10^{18}\mathrm{cm}^{-3}$ 的范围内，当由 V_{GS} 产生的表面垂直电场强度 E_x 小于 $1.5\times10^5\mathrm{V/cm}$ 时，强反型层内电子和空穴的迁移率约为各自体内迁移率的 1/2。但当 E_x 大于上述值时，电子和空穴的迁移率将随 E_x 的增大而减小，这是表面散射显著增强的结果。与其他散射机制一样，可以引入一个与其相联系的迁移率 $\mu_{电场}$，并得到

$$\mu_{电场} = \frac{K_D}{V_{GS} - V_{TH}} \tag{1-36}$$

式中，K_D 为比例常数。式（1-36）只适用于 $V_{GS}>V_{TH}$ 的情况。

根据迁移率关系 $\dfrac{1}{\mu} = \dfrac{1}{\mu_0} + \dfrac{1}{\mu_{电场}}$ 及式（1-36），可得当 $V_{GS} > V_{TH}$ 时与栅源电压有关的迁

移率为

$$\mu = \frac{\mu_0}{1 + \dfrac{V_{GS} - V_{TH}}{V_K}} \tag{1-37}$$

式中，V_K 为常数，$V_K = K_D / \mu_0$。当 $V_K = V_{GS} - V_{TH}$ 时，$\mu = \mu_0 / 2$。由此可见，V_K 代表当迁移率 μ 降到 μ_0 的 1/2 时的有效栅压。

（2）V_{DS} 对 μ 的影响。

在 V_{DS} 作用下沟道中会产生水平方向的电场强度 E_y，在 E_y 小于 10^3V/cm 的低场区，μ 是与 E_y 无关的常数，这时电子漂移速度 v 与 E_y 呈线性关系；随着 E_y 的增大，μ 逐渐变小，$v\text{-}E_y$ 关系偏离线性关系，v 的增大速度逐渐变慢；当 E_y 超过临界电场强度时，v 不再增加，而是维持一个称为散射极限速度或饱和速度的恒定值，以 v_{max} 表示。

（3）速度饱和对饱和漏源电压的影响。

在短沟道 MOSFET 中，由于沟道长度较短，在一定的 V_{DS} 下沟道中的电场强度会较大，沟道漏端的电场强度可能在沟道被夹断之前就已经达到了速度饱和临界电场强度，从而使该处的电子漂移速度达到饱和速度。当 V_{GS} 恒定而 V_{DS} 增大时，沟道漏端的电子漂移速度已不可能随 V_{DS} 的增大而增大，而该处的电子浓度也因 V_{GS} 恒定而不会增大，此时漏极电流开始饱和，MOSFET 进入饱和区。当 V_{DS} 继续增大时，沟道中各点的电场强度均增大，电场强度达到临界电场强度，电子漂移速度开始饱和的位置从漏端向栅电极方向移动。这种现象类似于沟道长度调制效应，饱和漏极电流随 V_{DS} 的增大而略有增大。

（4）速度饱和对饱和漏极电流的影响。

经过推导可得，由载流子速度饱和所决定的饱和漏极电流 I'_{Dsat} 的表达式为

$$I'_{Dsat} = \mu W C_{OX}(V_{Dsat} - V'_{Dsat})E_{yl} = \frac{\mu W C_{OX}}{L}(E_{yl}L)^2 \left\{ \left[1 + \left(\frac{V_{Dsat}}{E_{yl}L} \right)^2 \right]^{\frac{1}{2}} - 1 \right\} \tag{1-38}$$

式中，E_{yl} 表示在器件沟道 L 处沿水平方向的电场强度。对于长沟道 MOSFET 而言，$(E_{yl}L)^2 \gg V^2_{Dsat}$，式（1-38）可近似为

$$I'_{Dsat} \approx \frac{\mu W C_{OX}}{2L}(V_{GS} - V_{TH})^2 = I_{Dsat} \tag{1-39}$$

可知，I'_{Dsat} 与 I_{Dsat} 近似相等，且与 $(V_{GS} - V_{TH})^2$ 成正比，与沟道长度 L 成反比。

对于短沟道 MOSFET 而言，$(E_{yl}L)^2 \ll V^2_{Dsat}$，$I'_{Dsat}$ 可近似为

$$I'_{Dsat} \approx \mu W C_{OX} E_{yl}(V_{GS} - V_{TH}) \tag{1-40}$$

由式（1-40）可知，I'_{Dsat} 与 $(V_{GS} - V_{TH})$ 成正比，I'_{Dsat} 与 L 将偏离反比关系，当 L 减小时，I'_{Dsat} 将有所增大，但增大速度比长沟道 MOSFET 更慢；当 L 进一步减小时，I'_{Dsat} 将几乎与 L 无关。

（5）速度饱和对跨导的影响。

长沟道 MOSFET 在饱和区的跨导为

$$g_{ms} = \frac{\mu W C_{OX}}{L}(V_{GS} - V_{TH}) \tag{1-41}$$

可知，跨导与(V_{GS}-V_{TH})成正比，与 L 成反比。

短沟道 MOSFET 在饱和区的跨导为

$$g'_{ms} = \mu W C_{OX} E_{yl} = W C_{OX} v_{max} \tag{1-42}$$

可知，跨导与 V_{GS} 及 L 均无关。也就是说，当(V_{GS}-V_{TH})$^2 \gg (E_{yl}L)^2$ 且沟道漏端的电子漂移速度达到 v_{max} 后，再增大 V_{GS} 或缩小 L，均无法使跨导再增大，这称为跨导的饱和。

（6）速度饱和对最高工作频率的影响。

长沟道 MOSFET 的饱和区最高工作频率 f_T 为

$$f_T = \frac{g_m}{2\pi C_{GS}} = \frac{1}{2\pi}\left[\frac{3}{2}\frac{\mu_n(V_{GS} - V_{TH})}{L^2}\right] \tag{1-43}$$

由式（1-43）可知，f_T 与(V_{GS}-V_{TH})成正比，与 L^2 成反比。

短沟道 MOSFET 在饱和区的最高工作频率为

$$f'_T = \frac{3v_{max}}{4\pi L} \tag{1-44}$$

由式（1-44）可知，f'_T 与 V_{GS} 无关，与 L 成反比。

3．漏致势垒降低（DIBL）效应

当 MOSFET 的沟道长度缩短时，漏区 PN 结上的反偏电压会对源区 PN 结产生一定的影响。在极端情形下，源区和漏区的耗尽层宽度之和约等于沟道长度时，漏区的耗尽层与源区的耗尽层会发生穿通，源区的多数载流子能注入到沟道耗尽区，在电场作用下漂移到漏区并被漏极收集，因此，穿通会导致源区和漏区之间产生很大的漏极电流，且该电流是漏极电压的强函数。当漏区与源区相距很近时，将发生静电耦合，漏极电压将影响源区势垒，源区附近的势垒降低，使亚阈漏极电流增大。通常将该效应称为漏致势垒降低（DIBL）效应，可分为两种情况。

（1）表面 DIBL 效应。

当 $V_{FB} < V_{GS} < V_{TH}$ 时，能带在半导体表面处向下弯曲，势垒的降低主要发生在表面，导致亚阈漏极电流 I_{Dsub} 产生以下变化：

当沟道长度缩短后，I_D-V_{GS} 特性曲线中由指数关系过渡到平方关系的转折电压（即 V_{TH}）减小。

对于普通的 MOSFET 而言，当 $V_{DS} > (3 \sim 5)(kT/q)$时，$I_{Dsub}$ 与 V_{DS} 无关，短沟道 MOSFET 的 I_{Dsub} 则与 V_{DS} 密切相关。

亚阈值摆幅 S 随沟道长度的缩短而增大，这表明短沟道 MOSFET 的 V_{GS} 对 I_{Dsub} 的控制能力变弱，导致 MOSFET 难以截止。

（2）体内 DIBL 效应。

当 $V_{GS} < V_{FB}$ 时，能带在半导体表面处向上弯曲，表面发生积累，势垒的降低主要发生在体内，导致体内存在穿通电流。而穿通电流基本不受 V_{GS} 控制，它也使 MOSFET 难以截止。

4．强电场效应

（1）热载流子注入（HCI）。

在等比例缩小时，MOSFET 内部的电场强度会随沟道长度的缩短而增大，强场作用下会导致寄生电流增大。当沟道载流子通过强场区时，载流子从电场获得的额外能量不会传递给晶格，这些高能量的载流子称为热载流子，其动能高于导带底能量 E_C。如果载流子的能量超过 Si-SiO$_2$ 间的势垒（约 3.1eV），载流子就会进入氧化层并到达栅电极，产生栅极电流，这就是热载流子注入（HCI）现象。这些载流子会有一部分陷在 SiO$_2$ 的电子陷阱中，并随时间的推移积累，这将对 MOSFET 的性能产生以下三方面的影响：V_{TH} 往正方向漂移，即 V_{TH} 随时间的推移逐渐增大；因迁移率下降导致的 g_m 退化；因界面态密度增大导致的 I_{Dsub} 增大。

（2）衬底电流。

当 V_{DS} 足够大时，MOSFET 的夹断区内将因碰撞电离产生电子空穴对，电子从漏极流出而成为 I_D 的一部分，空穴则由衬底流出而形成衬底电流 I_{sub}，如图 1.26 所示。I_{sub} 随 V_{GS} 的增大先增大，然后再减小，最后达到 PN 结反向饱和电流的大小。

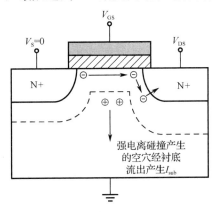

图 1.26　MOSFET 中产生 I_{sub} 的原理

（3）击穿特性。

MOSFET 的击穿特性主要有雪崩击穿和横向双极击穿两类，如图 1.27 所示。

雪崩击穿是漏区 PN 结的正常雪崩击穿，基本性质与 PN 结击穿完全相同。其特点是 BV_{DS} 随 V_{GS} 的增大而增大，通常为硬击穿，如图 1.27（a）所示。这类击穿主要发生在 PMOS（包括短沟道 PMOS）和长沟道 NMOS 中。

横向双极击穿产生的原因是，衬底电流在衬底电阻上产生电压 $V_{BS}=I_{sub}R_{sub}$，导致横向寄生双极晶体管的发射结为正偏压，使寄生的晶体管处于放大区，当集电结耗尽区中的电场强度增大到满足双极晶体管的共发射极雪崩击穿条件时，发生横向双极击穿。横向双极击穿的特性如图 1.27（b）所示，BV_{DS} 随 V_{GS} 的增大先减小再增大，其包络线为 C 形，通常为软击穿，主要发生在短沟道 NMOS 中。

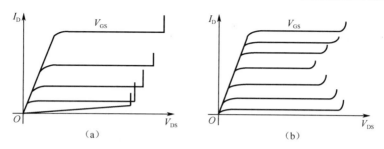

图 1.27　MOSFET 的两类击穿特性：（a）雪崩击穿；（b）横向双极击穿

1.3.5　版图邻近效应

随着摩尔定律的发展，器件尺寸不断微缩的同时，电路的集成度也越来越高，随之而来的是版图邻近因子越发密集，对器件特性造成一定程度的影响，这被称为版图邻近效应。在亚微米及更大尺寸的工艺节点中，CMOS 尺寸相对较大，器件的行为在一定程度上是独立于器件周边的版图环境的。而随着 CMOS 尺寸不断缩小，进入深亚微米节点以后，MOSFET 的器件特性不仅取决于器件自身的宽长比等传统几何参数，还取决于版图设计的细节。即使器件尺寸相同，周围版图环境的不同会导致器件电学特性的不同，从而造成器件性能的波动，这就是版图邻近效应。在先进工艺制程下，版图邻近效应主要包括阱邻近（WPE）效应、扩散区长度（LOD）效应、栅极间距效应（PSE）、有源区间距效应（ASE）、N/P 栅极边界邻近效应（MBE）等。

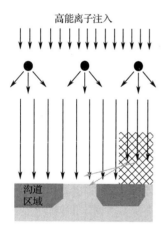

图 1.28　阱邻近效应示意图

阱邻近效应是比较重要的版图邻近效应之一，如图 1.28 所示。在大规模集成电路的体硅 CMOS 工艺中，利用高能离子注入形成掺杂深阱，以实现闩锁保护和抑制横向穿通效应。在高能离子注入的过程中，光刻胶内部边缘的离子发生横向散射并进入阱表面，从而影响阱边缘附近沟道处的掺杂浓度。离子注入的深度和浓度取决于散射离子的角度和能量。在阱掺杂过程中，这种横向非均匀性会造成 MOSFET 电学参数随器件到阱边缘的距离的变化而变化，即阱邻近效应。

扩散区长度（Length of Diffusion，LOD）效应是指器件电学参数随扩散区长度变化而变化的现象。研究发现，LOD 效应主要来源于应力工程所施加的有意应力或某些工艺带来的无意应力。常采用浅槽隔离（Shallow Trench Isolation，STI）工艺形成器件隔离，由于硅和二氧化硅之间的热膨胀系数不同，沟道会产生压应力，而硅晶格的膨胀或压缩会导致能带形状和相应的能级发生改变，载流子迁移率也会随晶格应变而发生改变，从而使器件的电学特性产生变化。

实验表明，LOD 效应对 MOSFET 性能影响的大小与扩散区（OD）的长度有关。在图 1.30（a）中，条纹矩形代表多晶硅栅极，灰色矩形代表有源区，SA 代表源极 OD 长度，SB 代表漏极 OD 长度。单个栅极和多个栅极中沿 OD 的位置的应力分布分别如图 1.30（b）和（c）所示。

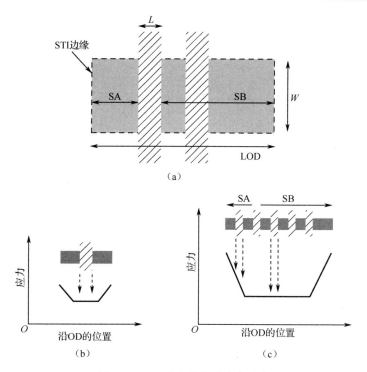

图 1.29　STI 应力大小的决定因素

　　其他由版图邻近因子带来的无意应力导致迁移率变化的版图邻近效应通常还包括栅极间距效应、有源区间距效应和 N/P 栅极边界邻近效应等。

1.4　MOSFET 器件模型

　　利用计算机平台，通过仿真软件工具系统的辅助设计，模拟仿真和验证所设计的电路与实际工作条件下的电路功能是否一致，这种高效、便捷、经济和可复用的器件建模手段已被广泛应用在集成电路设计的全过程中。SPICE （Simulation Program with Integrated Circuit Emphasis）模型在集成电路设计中已经得到了广泛的应用，尤其是分析电路在非线性情况下的直流、交流和瞬态特性。在设计过程中，通常只需要给出模型级别和相关参数，就可以利用 SPICE 便捷地构建半导体器件模型。

　　在 20 世纪 70 年代末，加州大学伯克利分校（UC Berkeley）推出了 SPICE 软件，其中的 MOSFET 模型包括 1 级、2 级和 3 级共三个模型。但是，MOSFET 器件尺寸缩小到亚微米范围后，多维的物理效应和寄生效应对 MOSFET 器件特性影响增大，这对模型提出了更高的要求。模型越复杂，参数越多，其模拟精度就越高。因此，UC Berkeley 又推出了伯克利短沟道绝缘栅场效应晶体管模型（Berkeley Short-channel IGFET Model，BSIM），其对亚微米 MOSFET 器件特性的描述更为精确。MOSFET 主要器件模型简介见表 1.2。

表 1.2 MOSFET 主要器件模型简介

阶段	模型名称	特征	发布年份
LEVEL 1	MOS1 模型	有助于理解 MOS 特性，但几乎没有使用	1974
LEVEL 2	MOS2 模型	纯粹基于物理的器件模型，复杂度高，精确度不够，计算效率低	1975
LEVEL 3	MOS3 模型	工艺可缩小到 1～2μm，成为现代模型的基础方程	1980
LEVEL 13	BSIM1	改进 MOS3 模型以满足亚微米尺度需求	1985
LEVEL 39	BSIM2	改进连续性 BSIM1	1992
LEVEL 49	BSIM3v3	从 LEVEL 28 的 MOS9 模型中吸取了优秀的特征	1997
LEVEL 54	BSIM4	一个基于物理的、准确的、可扩展的、稳健的和预测性的 MOSFET SPICE 模型，用于电路仿真和 CMOS 技术开发	1999
LEVEL 57	BSIM3 SOI	在 BSIM3 上制定的，支持全耗尽（FD）、部分耗尽（PD）和动态耗尽（DD）SOI 器件	1999
LEVEL 72	BSIM-CMG	一个紧凑型模型，用于描述多栅 MOSFET 器件的行为	2013
LEVEL 77	BSIM6	BSIM 的第六代，从 EKV 模型中吸取了一些优点	2015
LEVEL 78	BSIM-IMG	一个紧凑型模型，用于描述独立多栅 MOSFET 器件的行为	2015

由于实现高精度和高仿真效率存在一定的矛盾，通常会根据不同需求，将 MOSFET 器件模型分成不同的级别。HSPICE 使用 LEVEL 来表明 MOSFET 器件模型的级别，以下简要介绍一些常用的 MOSFET 器件模型。

（1）LEVEL 1，MOS1 模型。MOS1 模型是 MOSFET 的一阶模型，该模型包含沟道长度调制效应，但不包括其他的短沟道效应，且该模型采用 Meyer 电容模型，导致电荷不守恒，因此只适用于对精确度要求不高的长沟道 MOSFET，一般用于手动分析。

（2）LEVEL 2，MOS2 模型。MOS2 模型是基于几何构型的模型，该模型既考虑了沟道长度、漏极静电反馈和沟道宽度对阈值电压的影响，又考虑了载流子速度饱和、迁移率退化和漏致势垒降低（DIBL）等二阶效应，是一个纯粹基于物理的器件模型。MOS2 模型复杂程度高，精确度不够，计算效率低，一般不用计算。

（3）LEVEL 3，MOS3 模型。MOS3 模型是一个半经验模型，该模型利用测试数据来决定具体的器件参数，克服了 MOS2 模型在计算机模拟中计算困难的缺点。但 MOS3 模型的参数与器件尺寸有关，更适用于数字 IC 设计。

（4）LEVEL 13，BSIM1。BSIM1 是 1985 年加州大学伯克利分校提出的一个小尺寸 MOSFET 器件模型，全称为 Berkeley Short-channel IGFET Model edition 1。BSIM1 基于测试数据，用多项式对被测器件作出近似，参数在测试数据中提取出。BSIM1 包含了 39 个参数，对于沟道长度 1μm 及以上尺寸的 MOSFET 的模拟非常精确。

（5）LEVEL 39，BSIM2。BSIM2 是 BSIM1 的延伸，并在 BSIM1 的基础上进一步关注了更多的短沟道效应。一方面，BSIM2 着眼于各种物理效应，直接从测量中提取参数，这使模型更加精确和便于计算。另一方面，BSIM2 引入了多达 120 个器件参数，这也使参数的提取变得困难。

（6）LEVEL 49，BSIM3v3。BSIM3v3 是 BSIM3 的第三个版本，是第一个被工业界认定为标准的 MOSFET 模型。BSIM3v3 以阈值电压为核心，增加了曲线平滑功能，使 MOSFET 的相关特性曲线在 SPICE 仿真引擎下更平滑、连续，且具有快速收敛的特性。BSIM3v3 基于深亚微米 MOSFET 器件物理原理，考虑了多种效应的影响，同时增加了半经验参数，可以精确地描述器件的工作特性，仿真模拟数字电路，被广泛应用于 0.35μm 至 0.13μm 工艺制程。该模型已被证明在 0.18μm 工艺中有较好的精确度，适用于数字和低频模拟电路的仿真，但它在射频交流电路方面存在较多的问题。

（7）LEVEL 54，BSIM4。BSIM4 是在 1999 年发布的 BSIM 系列的第四代产品，有以下几方面的改进：为高频模拟电路和高速数字电路应用提供了精确的本征输入电阻模型；提供了精确的栅介质直接隧穿电流模型；提供了 GIDL/GISL 模型；提供了衬底电阻网络模型。BSIM4 在 BSIM3v3 的基础上做了很多改进，更好地适应了小尺寸器件的高频建模需求。相比于 BSIM3v3，BSIM4 在射频功能上进行了改进与补充。BSIM4 通过引入大量的参数来描述小尺寸器件的各种高阶效应和寄生效应，使沟道长度在 100nm 范围内的 MOSFET 建模和电路仿真能够获得较为准确的结果。

（8）LEVEL 57，BSIM3 SOI。BSIM3 SOI 是针对 SOI MOSFET 提出的器件模型，该模型是在 BSIM3 上制定的，与体模型共享相同的基本方程，因此保留了 BSIM3v3 的物理性质和平滑度，同时又在此基础上考虑了与 SOI MOSFET 相关的效应，如浮体效应、体电流等。

（9）LEVEL 61，RPI a-Si TFT 模型。RPI a-Si TFT 模型是针对薄膜晶体管提出的器件模型，该模型是由伦斯勒理工学院（Rensselear Polytechnic Insititute）提出的非晶硅薄膜晶体管器件模型，考虑了局域态缺陷和栅极偏压对场效应迁移率的影响。

（10）LEEVL 72，BSIM-CMG。BSIM-CMG 是针对多栅器件（例如 FinFET）提出的器件模型，其中 CMG 是指公用多栅（Common Multi-Gate）。该模型在推导表面势物理公式时考虑了掺杂的本征模型和外部模型，计算结果和实际的 FinFET 器件仿真结果的一致性好。

（11）LEEVL 77，BSIM6。BSIM6 是 2015 年发布的 BSIM 系列的第六代产品，是基于电荷的紧凑模型，更适用于小尺寸器件性能的预测。它保留了 BSIM4 中的理想模块，具有向后的兼容性。同时，BSIM6 改进了结电容模型并研究了对称性和自热效应等问题。目前，在商用仿真器中得到应用，仿真速度较快，参数提取流程简单，被 CMC（Compact Model Council）确立为新一代 MOSFET 集约模型标准。BSIM6 是完全可扩展的，包括几何形状、偏差和温度，同时，还具有基于物理电荷的电容模型，包括多晶硅耗尽和量子力学效应。

（12）LEEVL 78，BSIM-IMG。BSIM-IMG 是用于描述独立多栅（通常是顶栅和背栅）器件（如 UTBB FDSOI）的物理模型。

习　　题

（1）请问 MOSFET 阈值电压通常由哪几个部分组成？

（2）请问实际的 MOSFET 中通常包括哪些寄生电容，会有什么负面作用？

（3）请问 MOSFET 中的二级效应对阈值电压有哪些影响，简述其机理。

参考文献

[1] 陈星弼，张庆中，陈勇. 微电子器件[M]. 北京：电子工业出版社，2011.

[2] LANYON H P D, TUFT R A. Bandgap narrowing in heavily doped silicon[C]//IEEE, 1978 International Electron Devices Meeting. Washington, DC, USA, 1978, pp. 316-319.

[3] CAO W, BU H, VINET M, et al. The future transistors[J]. Nature, 2023, 620(7974): 501-515.

[4] MULLER R S, KAMINS T I. Device electronics for integrated devices[M]. 3rd ed. New York: John Wiley & Sons, 2002.

[5] LINDMAYER J, WRIGLEY C Y, HAGGER H J. Fundamentals of semiconductor devices[J]. Students Quarterly Journal, 1966, 19(5): 102-105.

第2章

MOSFET BSIM 参数提取

集成电路是由各种不同类型的元器件所组成的，元器件通常可以分为无源器件和有源器件两大类。其中，无源器件主要包括电阻、电容、电感、互连线、传输线等，有源器件主要包括二极管、三极管、CMOS 等各种晶体管。器件物理模型通常从半导体基本方程出发，通过对上述元器件的参数作一定的近似假设，进而得到具有解析表达式的数学模型。

本章首先介绍器件模型及建模意义，接着分别对 MOSFET 建模的测试结构设计和测试方案进行阐述，最后给出 MOSFET BSIM 参数提取的流程。

2.1 器件模型及建模意义

集成电路设计的关键是在电路原理图绘制完成后，利用仿真器完成电路特性的模拟仿真，其中应用最广泛的仿真器是 SPICE，它是工业标准的模拟程序，也是目前各种仿真器如 HSPICE、PSPICE 和 TSPICE 等的前身[1]。其中，HSPICE 是事实上的 SPICE 工业标准仿真软件，在业内应用最为广泛。在仿真器中器件模型通常是一组确定的模型方程，称为 SPICE 模型，用户可以从外部访问并定义参数值，并最终以模型卡（Model Card）的形式提供模型参数列表和值的定义，供电路设计者仿真使用。

设计集成电路时，需要晶圆制造厂提供包括 SPICE 模型在内的工艺设计工具包（Process Design Kit，PDK）来准确定义晶圆制造厂的工艺信息，这是设计公司验证电路功能的基础，也是集成电路芯片制造的关键因素。可以认为，器件模型是连接工艺制造和电路设计的桥梁，是集成电路设计的核心和关键。

2.2 MOSFET 建模的测试结构设计

SPICE 模型建模流程如图 2.1 所示，关键步骤依次是设计测试结构（Design Testkey）、实验制备（Experiment Lot）、测试数据（Measure Data）、参数提取（Parameter Extraction）等。器件建模的首要步骤是设计所需的测试结构版图，测试结构类型可分为无源器件和有源器件。因此，首先需要根据设计规则和测试设备等条件，设计测试管脚（Pad）阵列；然后根据所需的管脚分布情况，将测试结构依次有序地放入相应的管脚阵列中；最后用互连线完成测试结构的各个端口到管脚之间的电气连接。

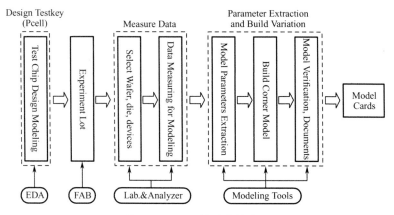

图 2.1 SPICE 模型建模流程

通常需要根据模型来设计不同的测试结构，以 BSIM4 为例，其主要包含以下七种模型[2]：（1）I-V 模型；（2）C-V 模型；（3）Junction 模型；（4）温度模型；（5）噪声模型；（6）LOD 模型；（7）WPE 模型。

在 MOSFET 建模中，通常有两种提取策略：单器件提取策略和器件组提取策略。单器件提取策略是利用单个器件的测试数据来提取得到完整的模型参数。通过该方法得到的模型参数能够很好地适用于特定器件，但是无法运用于不同尺寸参数的其他器件。而且，单器件提取策略不能保证提取得到的参数都具有物理意义。如果仅使用一组器件，则与沟道长度和宽度相关的参数将无法确定。因此，为了得到覆盖不同尺寸器件的模型，在进行 BSIM4 参数提取时，需要采用器件组提取策略，包括具有不同沟道长度和宽度的器件。这样得到的模型虽然可能无法完全精确地反映每一个器件的性能，但是能够更好地适用于一组器件。

SPICE 建模时的 MOSFET 宽长比选择如图 2.2 所示，根据晶圆制造厂提供的设计规则，可设计不同宽长比的器件作为测试结构。为了准确全面地捕捉工艺信息，宽长比通常需要遵循一定的设计规则，一般情况下需要满足以下规则。

- 宽沟道器件的栅长变化阵列（L-array）至少有 6 个器件。
- 长沟道器件的栅宽变化阵列（W-array）至少有 3 个器件。
- 需要有 4 条边界阵列，即最大栅长、最大栅宽、最小栅长、最小栅宽。
- 至少包含 14 个 MOSFET。

I-V 模型。通过选取大尺寸（如 $W \geq 10\mu m$，$L \geq 10\mu m$）的器件，可以提取不受短沟道效应、窄沟道效应和寄生电阻影响的参数[3]，如迁移率、阈值电压和依赖垂直掺杂浓度分布的体效应系数。L-array 器件组用于提取与短沟道效应相关的参数；而 W-array 器件组用于提取与窄沟道效应相关的参数。L-array 的最小栅长和 W-array 的最小栅宽可用来提取窄短沟道效应参数，如隧穿电流、DIBL 效应和碰撞电离电流相关的参数。位于 $W_{min} \sim W_{max}$ 和 $L_{min} \sim L_{max}$ 之间不同尺寸的器件可以用于参数提取和校正，使后续测试和参数提取得到的模型也能用于该尺寸范围。

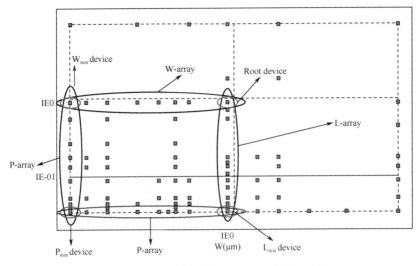

图 2.2 SPICE 建模时的 MOSFET 宽长比选择

温度模型和噪声模型。通常是在上述器件中选取几个重要尺寸的器件进行测试和参数提取，因此，无须额外设计 testkey。

C-V 模型。*C-V* 模型 testkey 设计方案如图 2.3 所示。由于单个器件的电容值较小，对后续测试的精度要求较高，这不利于电容参数的提取。主要原因是无法简单分离图 2.3（a）中的以下三种电容：本征的正对电容，如 C_{OX}；寄生的交叠电容，如 C_{gdo} 和 C_f；插指电容。因此，需要分别设计和测试大尺寸、多插指宽沟道 testkey 来获得正对电容和交叠电容，如图 2.3（b）和（c）所示。

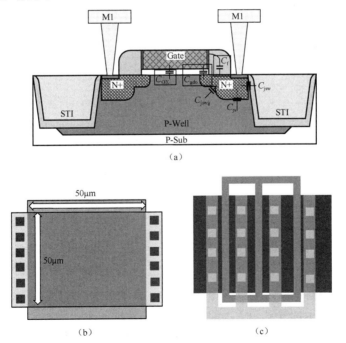

图 2.3 *C-V* 模型 testkey 设计方案：（a）NMOS 栅周围电容示意图；（b）提取本征电容所需的大尺寸 testkey；（c）提取交叠电容等寄生电容所需的多插指宽沟道 testkey

Junction 模型。Junction 模型 testkey 设计方案如图 2.3 所示。需要提供源漏寄生二极管的工艺信息，如图 2.4（a）所示，因此类似于 *C-V* 模型 testkey 设计的方法，同样需要分别设计面二极管、插指二极管和内部插指二极管的 testkey，如图 2.4（b）、（c）、（d）所示。

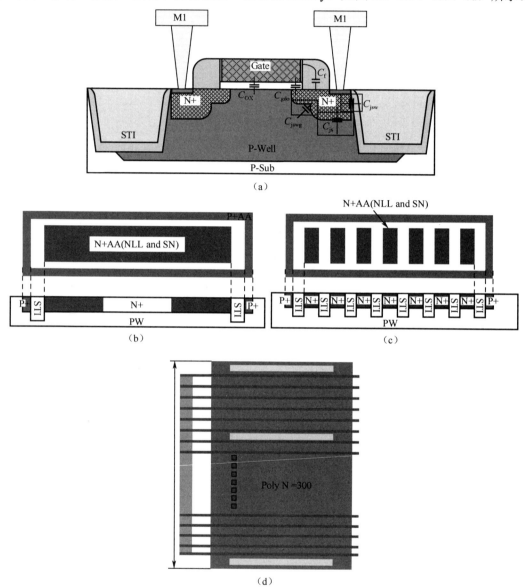

图 2.4　Junction 模型 testkey 设计方案：（a）NMOS 寄生二极管示意图；（b）面二极管 testkey；（c）插指二极管 testkey；（d）内部插指二极管 testkey

LOD 模型和 WPE 模型。二阶效应模型 testkey 设计方案如图 2.5 所示。针对二阶效应模型还需要设计不同版图邻近因子下的器件结构，分别如图 2.5（a）、（b）所示。图中 LOD 代表扩散区长度，SA 代表源极 OD，SB 代表漏极 OD，SW 表示扩散区之间的距离，*L* 为多晶硅栅极长度，*W* 为器件宽度。

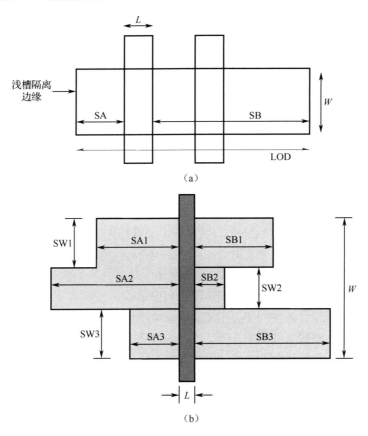

图 2.5　二阶效应模型 testkey 设计方案：（a）LOD 模型 testkey；（b）WPE 模型 testkey

2.3　MOSFET 建模的测试方案

晶圆制造厂流片完成后，进入测试环节。MOSFET 测试主要利用半导体特性测试仪器平台来进行，主要包括半导体参数分析仪、半导体测试探针台、噪声测试仪等。主要步骤如下：首先，取一组合适的不同尺寸的 NMOS、PMOS，利用探针将被测器件的焊盘与半导体参数分析仪对应的端口连接起来；然后，根据不同的测试内容设置测试模式和相关参数，启动测试并收集数据；最后，将探针移动到下一个被测器件，进行重复测试直到测完整组器件并得到完整的测试数据。

针对不同模型的 testkey 有不同的测试内容，测试方法主要分为 C-V 测试、I-V 测试和温度测试。另外，建模所需的测试数据还包括不同尺寸器件在不同偏置条件下的电流噪声功率谱密度及其他电学参数。

通常选择晶圆允收测试（Wafer Acceptance Test，WAT）的中值（golden data）作为参数提取的电学参数标准值（target）。WAT 是在流片结束之后和品质检验之前，测量特定测试结构的电学参数，通常由晶圆制造厂完成。LOD 模型和 WPE 模型通常只需要 WAT 数据。噪声测试仪可完成关键尺寸器件的电流噪声功率谱密度测试。

2.3.1　*C-V* 测试

C-V 测试主要测量 MOSFET 栅极电容 C_{gg} 和栅漏交叠电容 C_{gc} 随栅极电压变化的曲线，针对不同的测试目标，设计相应的 testkey 开展下列测试。

- 大尺寸 testkey：C_{gg}-V_{GS} 曲线，用于提取本征电容的氧化层厚度。
- 多插指宽沟道 testkey：C_{gc}-V_{GS} 曲线，用于提取寄生电容相关的参数。

2.3.2　*I-V* 测试

I-V 测试主要包括输出特性、转移特性、栅极电流 I_G 与衬底电流 I_{sub} 特性测试等，对于不同的测试设置不同的偏置条件，*I-V* 测试涵盖下列曲线。

- I_{DS}-V_{GS} 曲线，偏置条件为 $V_{DS}=V_{Dlin}$、$V_{BS}=0\sim V_{BB}$。
- I_{DS}-V_{GS} 曲线，偏置条件为 $V_{DS}=V_{DD}$、$V_{BS}=0\sim V_{BB}$。
- I_{DS}-V_{DS} 曲线，偏置条件为 $V_{BS}=0$、$V_{GS}=V_{TH}\sim V_{DD}$。
- I_{DS}-V_{DS} 曲线，偏置条件为 $V_{BS}=V_{BB}$、$V_{GS}=V_{TH}\sim V_{DD}$。
- I_{DS}-V_{GS} 曲线，偏置条件为 $V_{BS}=0$、$V_{DS}=0\sim V_{DD}$。
- I_{sub}-V_{GS} 曲线，偏置条件为 $V_{BS}=0$、$V_{DS}=0\sim V_{DD}$。
- I_G-V_{GS} 曲线，偏置条件为 $V_{BS}=0$、$V_{DS}=0\sim V_{DD}$。

2.3.3　温度测试

前述的器件测试均是在常温 25℃ 下进行的，为了提取温度模型的参数，还需分别在低温和高温条件下对器件的 *I-V* 特性进行测试。通常选取的测试温度为 -50℃、-40℃、25℃、75℃ 和 125℃，分别测试在不同温度下 MOSFET 的电学特性，从而得到完整的温度测试数据。

2.4　MOSFET BSIM 参数提取流程

在获得 MOSFET 测试数据后，接下来进行模型参数的提取。SPICE 建模的参数提取方法主要有两种：全局模型（Global Model）和分块模型（Binning Model），如图 2.6 所示。全局模型是针对所有尺寸的器件，提取一套完整的模型参数，有很好的连续性和收敛性，不仅提取的参数更具有物理意义，而且耗费时间短。分块模型则将所有尺寸的器件分成几个相邻的块（Bin），分别在几个块中提取模型参数，再将各个块之间的模型参数通过 *L* 和 *W* 的关系联系在一起，模型准确性高，但连续性和收敛性比较差，且耗费时间长。

这里简要介绍第一种方法即全局模型的参数提取流程，如图 2.7 所示。

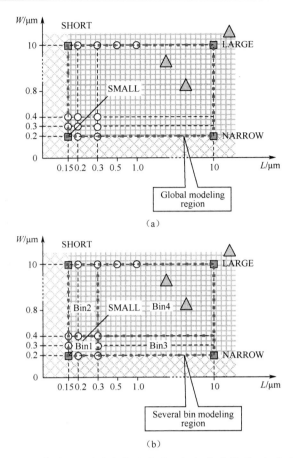

图 2.6 SPICE 建模的两种参数提取方法：（a）全局模型；（b）分块模型

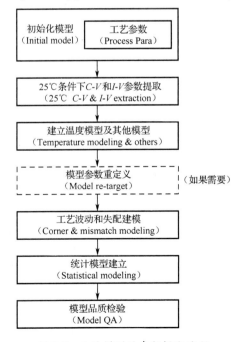

图 2.7 全局模型的参数提取流程

2.4.1　初始化模型

首先进行初始化的前序准备工作。根据需求选择合适的模型级别和版本，设定基本工艺参数和模型标定参数。工艺参数是与制造工艺紧密相关，具有物理意义的参数，是建模的基础，应在提参建模前确定。比如根据 BSIM4.5.0 MOSFET 模型参数的要求，所需工艺参数如表 2.1 所示。

表 2.1　工艺参数及物理意义（根据 BSIM4.5.0 MOSFET 模型参数的要求）

工艺参数	物理意义
T_{OXE}, T_{OXP}, D_{TOX} 或 EPSROX	栅氧厚度和介质常数
N_{DEP}	沟道中的掺杂浓度
T_{NOM}	数据使用的温度
L_{drawn}	掩膜级的沟道长度
W_{drawn}	掩膜级的沟道宽度
X_j	结深度

模型标定参数用于选择模型中特定的计算方式，可根据具体的器件性能和建模需求进行设置。另外，在参数提取之前还需要检查测试数据，除检查数据的完备性以外，还需要检查曲线和关键电学参数的一致性、曲线的平滑性、曲线走势是否出现异常，以及关键电学参数随栅长、栅宽和温度的变化趋势是否异常等。完成这些前序工作之后，就可以开始提取模型参数了。

2.4.2　*C-V* 和 *I-V* 参数提取

提参的第一步是提取 *C-V* 参数，通过对 C_{gg}-V_{GS} 曲线和 C_{gc}-V_{GS} 曲线的拟合，来确定本征电容和寄生电容模型[4]。

第二步是进行 *I-V* 曲线的拟合。由于 BSIM4 是基于阈值电压的紧凑模型，因此，通常的拟合顺序是，先拟合阈值电压和亚阈值区，然后，依次对线性区的电流、跨导，以及饱和区的电流和输出电导进行拟合，从而确定场迁移率、饱和速度、DIBL 效应、沟道长度调制效应等相关参数。器件拟合的顺序：首先，拟合大尺寸器件的 *I-V* 曲线，以确定该工艺下器件的基本电学特性；然后，完成 L-array、W-array 和 P-array 的拟合，以提取短沟道效应和窄沟道效应等相关的参数；最后，完成泄漏电流、衬底电流、栅极电流等曲线的拟合，以提取 GIDL 效应、寄生二极管、栅极隧穿等相关的参数。上述提取流程的详细步骤可参考 BSIM4.5.0 MOSFET 手册，见表 2.2。

表 2.2　*I-V* 参数提取流程

步骤	提取参数	拟合目标数据	器件	实验数据
1	V_{T0}, K1, K2	$V_{TH}(V_{BS})$	大尺寸器件（W, L）	不同 V_{BS} 下，I_{DS}-V_{GS} @ V_{DS} = 0.05V，提取实验数据 $V_{TH}(V_{BS})$

步骤	提取参数	拟合目标数据	器件	实验数据
2	UA, UB, UC, EU	强反型区的 $I_{DS}(V_{GS}, V_{BS})$	大尺寸器件（W, L）	不同 V_{BS} 下，I_{DS}-V_{GS} @ $V_{DS} = 0.05V$
3	LINT, R_{ds}(RDSW, W, V_{BS})	强反型区的 $I_{DS}(V_{GS}, V_{BS})$	一组器件（固定 W, 不同的 L）	不同 V_{BS} 下，I_{DS}-V_{GS} @ $V_{DS} = 0.05V$
4	WINT, R_{ds}(RDSW, W, V_{BS})	强反型区的 $I_{DS}(V_{GS}, V_{BS})$	一组器件（固定 L, 不同的 W）	不同 V_{BS} 下，I_{DS}-V_{GS} @ $V_{DS} = 0.05V$
5	DVT0, DVT1, DVT2, LPE0, LPEB	$V_{TH}(V_{BS}, L, W)$	一组器件（固定 W, 不同的 L）	$V_{TH}(V_{BS}, L, W)$
6	DVT0W, DVT1W, DVT2W	$V_{TH}(V_{BS}, L, W)$	一组器件（固定 L, 不同的 W）	$V_{TH}(V_{BS}, L, W)$
7	K3, K3B, W0	$V_{TH}(V_{BS}, L, W)$	一组器件（固定 L, 不同的 W）	$V_{TH}(V_{BS}, L, W)$
8	MINV, VOFF, VOFFL, NFACTOR, CDSC, CDSCB	亚阈值区的 $I_{DS}(V_{GS}, V_{BS})$	一组器件（固定 W, 不同的 L）	不同 V_{BS} 下，I_{DS}-V_{GS} @ $V_{DS} = 0.05V$
9	CDSCD	亚阈值区的 $I_{DS}(V_{GS}, V_{BS})$	一组器件（固定 W, 不同的 L）	不同 V_{DS} 下，I_{DS}-V_{GS} @ $V_{BS} = V_{BB}$
10	DWB	强反型区的 $I_{DS}(V_{GS}, V_{BS})$	一组器件（固定 W, 不同的 L）	不同 V_{BS} 下，I_{DS}-V_{GS} @ $V_{DS} = 0.05V$
11	VSAT, A0, AGS, LAMBDA, XN, VTL, LC	$I_{sat}(V_{GS}, V_{BS})/W$, A1, A2（只对 PMOS）, 目标数据是 $V_{Dsat}(V_{GS})$	一组器件（固定 W, 不同的 L）	不同 V_{GS} 下，I_{DS}-V_{DS} @ $V_{BS} = 0V$
12	B0, B1	$I_{sat}(V_{GS}, V_{BS})/W$	一组器件（固定 L, 不同的 W）	不同 V_{GS} 下，I_{DS}-V_{DS} @ $V_{BS} = 0V$
13	DWG	$I_{sat}(V_{GS}, V_{BS})/W$	一组器件（固定 L, 不同的 W）	不同 V_{GS} 下，I_{DS}-V_{DS} @ $V_{BS} = 0V$
14	PSCBE1, PSCBE2	$R_{out}(V_{GS}, V_{DS})$	一组器件（固定 W, 不同的 L）	不同 V_{GS} 下，I_{DS}-V_{DS} @ $V_{BS} = 0V$
15	PCLM, θ(DROUT, PDIBLC1, PDIBLC2, L), PVAG, FPROUT, DITS, DITSL, DITSD	$R_{out}(V_{GS}, V_{DS})$	一组器件（固定 W, 不同的 L）	不同 V_{GS} 下，I_{DS}-V_{DS} @ $V_{BS} = 0V$
16	DROUT, PDIBLC1, PDIBLC2	θ(DROUT, PDIBLC1, PDIBLC2, L)	一组器件（固定 W, 不同的 L）	θ(DROUT, PDIBLC1, PDIBLC2, L)
17	PDIBLCB	θ(DROUT, PDIBLC1, PDIBLC2, L, V_{BS})	一组器件（固定 W, 不同的 L）	不同 V_{BS} 下，I_{DS}-V_{GS} @ 固定 V_{GS}
18	θ_{DIBL}(ETA0, ETAB, DSUB, DVTP0, DVTP1, L)	亚阈值区的 $I_{DS}(V_{GS}, V_{BS})$	一组器件（固定 W, 不同的 L）	不同 V_{BS} 下，I_{DS}-V_{GS} @ $V_{DS} = V_{DD}$
19	ETA0, ETAB, DSUB	θ_{DIBL}(ETA0, ETAB, L)	一组器件（固定 W, 不同的 L）	不同 V_{BS} 下，I_{DS}-V_{GS} @ $V_{DS} = V_{DD}$
20	KETA	$I_{sat}(V_{GS}, V_{BS})/W$	一组器件（固定 W, 不同的 L）	不同 V_{GS} 下，I_{DS}-V_{DS} @ $V_{BS} = V_{BB}$

续表

步骤	提取参数	拟合目标数据	器件	实验数据
21	ALPHA0, ALPHA1, BETA0	$I_{ii}(V_{GS}, V_{BS})/W$	一组器件（固定 W，不同的 L）	不同 V_{DS} 下，I_{DS}-V_{DS} @ $V_{BS} = V_{BB}$
22	ku0, kvsat, tku0, lku0, wku0, pku0, llodku0, wlodku0	Mobility(SA, SB, L, W)	一组器件（不同的 L，W, SA, SB）	$I_{DS\text{-linear}}$ @ $V_{GS} = V_{DD}$, V_{DS} = 0.05V
23	kvth0, lkvth0, wkvth0, pvth0, llodvth, wlodvth	V_{TH}(SA, SB, L, W)	一组器件（不同的 L，W, SA, SB）	V_{TH}(SA, SB, L, W)
24	stk2, lodk2, steta0, lodeta0	k2(SA, SB, L, W), eta0(SA, SB, L, W)	一组器件（不同的 L，W, SA, SB）	k2(SA, SB, L, W), eta0(SA, SB, L, W)

2.4.3　温度模型及其他模型的建立

温度模型是在前面的基础上建立的，通过拟合高低温条件下器件的电学特性，提取阈值电压、场迁移率等器件模型的温度依赖参数。另外，BSIM4 还提供了一套准确有效的高速/RF 模型，能够针对应用于高频模拟电路和高速数字电路的器件进行参数建模[5]。

新材料器件模型则可以参考常规 MOSFET 的提参步骤，并有针对性地调整如二阶效应等关键器件特性所对应的步骤，从而完成模型的建立。版图邻近效应的模型参数提取主要是通过拟合关键电学参数与版图邻近因子的变化趋势来完成的。噪声模型则是通过拟合关键尺寸器件的电流噪声功率谱密度来提取参数的[6]。

2.4.4　工艺波动、失配和统计建模

受工艺波动的影响，芯片性能的波动会呈现统计分布的特性，可分为芯片之间和芯片内的波动，即全局波动和局部波动[7]。

全局波动通过工艺角模型确定。体硅器件通常建立如图 2.8 所示的工艺角模型，工艺角模型中的参数通常是在基础模型（TT 模型）的关键模型参数上增加一个波动变化量而形成的，通过对关键电学参数波动量的拟合可提取工艺角模型参数。

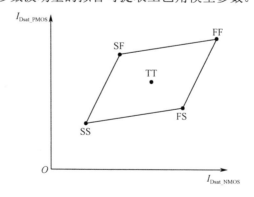

图 2.8　工艺角模型和基础模型的关系示意图

局部波动是在同一芯片内部的晶体管之间工艺参数的变化，可以根据晶体管失配性能

的测量数据提取失配模型（Mismatch Model）参数，建立局部失配模型来表征晶体管的局部波动统计特性；同时，基于电性能测量值的标准差与晶体管面积平方根 $1/\sqrt{WL}$ 的变化曲线，提取局部失配模型的参数。此外，可以根据需要选择是否建立蒙特卡洛统计模型，通过对中值和标准差的拟合来提取统计模型参数，并比较中值与 TT 模型值、标准差与工艺角模型值是否一致。

2.4.5　模型品质检验

模型品质检验（QA）包括以下几项内容。
- 工艺参数、标记参数是否正确，模型参数是否在合理范围内。
- 关键电学参数的模型值趋势是否平滑，无扭结，无交叉。
- 工艺角模型中关键电学参数的模型值变化趋势是否无交叉，曲线模型值是否无交叉。
- 最终的模型卡是否能通过仿真器（如 HSPICE）进行仿真验证，且无报错等异常发生。

习　题

（1）集成电路设计中常见的仿真器主要有哪几种？
（2）需要根据模型来设计不同的测试结构，请问 BSIM4 主要包含哪些模型？
（3）芯片性能受工艺波动的影响，主要有哪些类型？

参考文献

[1] HE J, XI X, WAN H, et al. BSIM5: An advanced charge-based MOSFET model for nanoscale VLSI circuit simulation[J]. Solid-State Electronics, 2007, 51(3): 433-444.

[2] CHALKIADAKI M A, ENZ C C. Low-power RF modeling of a 40nm CMOS technology using BSIM6[C]//Mixed Design of Integrated Circuits and Systems (MIXDES), 2013 Proceedings of the 20th International Conference. IEEE, 2013.

[3] RIOS R, CAPPELLANI A, ARMSTRONG M, et al. Comparison of Junctionless and Conventional Trigate Transistors With L Down to 26 nm[J]. IEEE Electron Device Letters, 2011, 32(9): 1170-1172.

[4] TOSAKA Y, SUZUKI K, SUGII T. Scaling-parameter-dependent model for subthreshold swing S in double-gate SOI MOSFET's[J]. IEEE Electron Device Letters, 2002, 15(11): 466-468.

[5] KUHN K J. Considerations for Ultimate CMOS Scaling[J]. IEEE Transactions on Electron Devices, 2012, 59(7): 1813-1828.

[6] SHEU Y M, SU K W, TIAN S, et al. Modeling the well-edge proximity effect in highly scaled MOSFETs[J]. IEEE Transactions on Electron Devices, 2006, 53(11): 2792-2798.

[7] 薛萌. 考虑工艺波动的互连功耗分析[D]. 西安：西安电子科技大学，2024.

第 3 章

器件模型提参工具 Empyrean XModel

Empyrean XModel 是先进的半导体器件 SPICE 模型建模平台，为用户提供了高效的模型提取解决方案，可支持硅基金属氧化物器件、硅基高压器件、分立器件、TFT 器件和第三代半导体器件等不同类型器件的模型提取。Empyrean XModel 集成了数据图形化显示模块、参数调整模块、模型文件解析显示管理系统、可配置的数据仿真模块、可定制化的提取流程模块、模板丰富的模型质量验证模块和功能强大的脚本系统，可以高效完成各种工艺、器件类型的模型提取和验证，在国产 SPICE 模型建模平台领域中一直保持着市场和技术领先的地位。

本章主要介绍 Empyrean XModel 的基本功能，并分别对该软件的菜单栏、工具栏、任务栏、拟合曲线界面、模型面板界面、模型参数界面、调参界面和仿真输出界面进行详细的介绍。

3.1 Empyrean XModel 介绍

Empyrean XModel（简称 XModel）具备器件测试数据处理和分析、典型特征模型提取、版图效应模型提取、工艺角模型提取、统计和失配模型提取、模型库验证分析等功能，覆盖模型提取及验证的全流程，可满足不同类型和各个阶段器件模型提取的要求。同时，XModel 通过内嵌并行 Int-SPICE 仿真器或外部调用各种已经商业化的 HSPICE 仿真器、Spectre 仿真器、ALPS 仿真器和 PSPICE 仿真器等，支持绝大部分的半导体行业标准 SPICE 器件模型，且同时支持 Verilog 模型和子电路模型。为助力学术界、工业界开发验证先进模型，XModel 内置了集成成熟工作流程的模板来提高用户的工作效率，并支持用户实现各种定制化的需求。

3.2 XModel 的基本功能和界面

本章介绍 XModel 的基本功能和界面，包括菜单栏、工具栏、任务栏，以及各个界面。XModel 的主界面如图 3.1 所示（示范的 XModel 版本为 2022.06）。

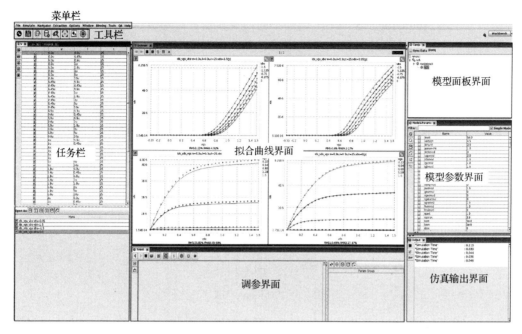

图 3.1　XModel 主界面

3.2.1　菜单栏

图 3.2 所示为 "File" 菜单的选项，用户可以载入 project、data、model 文件，也可以保存和导出 project、data、model 文件。"Project" 选项可以对 project 文件进行加载、保存和另存。"Load Data" "Load Model" 选项分别用于加载数据文件、加载 model 文件与 ADS 格式的 model 文件。"Save Model" 选项用于对当前选中的 model 文件进行保存，并自定义路径。"Convert Hspice To Spectre" 选项用于将 HSPICE 格式的 model 文件转为 SPECTRE 格式的 model 文件。"Export PDF/PPT" 选项用于生成 PDF/PPT 格式的报告，并自定义保存范围和类型。"Export Simulation Data" 选项用于导出仿真数据，并自定义范围和类型。"Generate Corner Library" "Generate Mismatch" "Generate MC Corner" 和 "Generate Flag Corner" 选项分别用于生成 mismatch、corner lib、mc corner 和 flag corner。

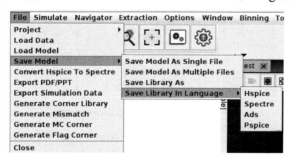

图 3.2　"File" 菜单

图 3.3 所示为 "Simulate" 菜单的选项，用户可以设置与仿真相关的内容，包括选择仿真器、设置网表或 model 的格式。"Simulate" 选项用于对当前 browser 界面的 plot 进行强

制仿真。"Select Simulator"选项用于选择不同的仿真器进行仿真。"Concurrent Simulators"选项用于选择不同的线程进行仿真，线程数越多，仿真速度越快，最大速度受限于计算机中央处理器的最大线程数。"Netlist Type"选项用于选择设置不同的网表格式。"Spectre Netlist Type"选项用于设置 Spectre 网表的格式。"Netlist Style Type"选项用于设置 XModel 网表的格式。"Param Count per line"选项用于设置 model 文件每行的参数个数，可自定义为 2/3/4 个。"Simulator Setting"选项用于设置仿真器路径，可外部调用仿真器。

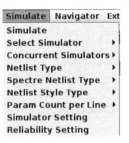

图 3.3 "Simulate"菜单

图 3.4 所示为"Navigator"菜单的选项，用户可以设置显示或隐藏 plot。在"Navigator"菜单中勾选 plot 类型，如图 3.4（a）所示，可以在显示的任务栏中进行配置，如图 3.4（b）所示。

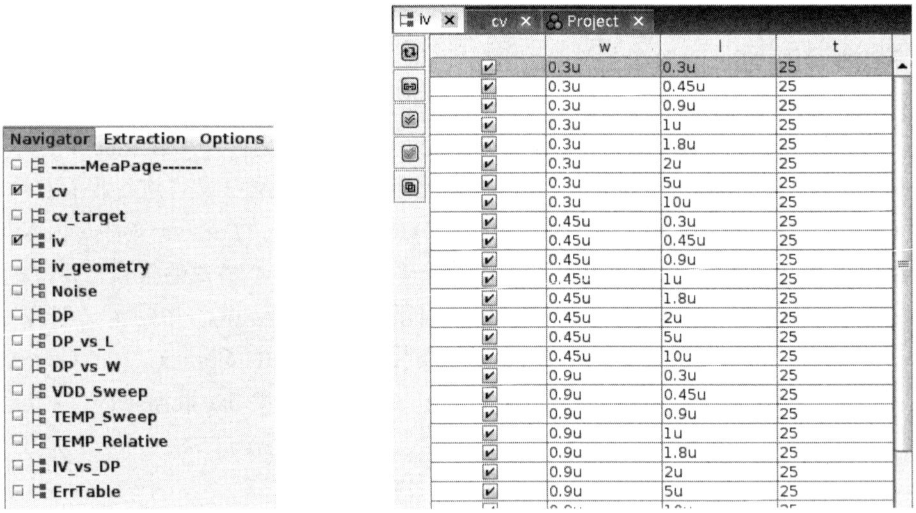

（a）　　　　　　　　　　　　　　　　（b）

图 3.4 "Navigator"菜单：（a）勾选 plot 类型；（b）配置 plot 的界面

图 3.5 所示为"Options"菜单的选项，用户可以设置整体显示界面的 plot。"Display"选项用于设置曲线的类型，其下一级的"Both""Simulation""Measurement"选项分别用于设置界面的 plot 同时显示 simulation 和 measurement 曲线、只显示 simulation 曲线、只显示 measurement 曲线。"Autosave Project"选项用于设置自动保存模板。"Log Model Load"选项用于选择 load model 是不是记录在 user 目录文件夹中。"Vars Setting"选项用于把 config setting 页面的系统和参数分开。"Synchronize Bin"选项用于选择 point model 或 bin model。

时，同步到左边对应的尺寸的 data。"Tweak Bin Sync"选项用于设置在 tweak 中选择的参数是否随 bin model 的切换而同步改变。

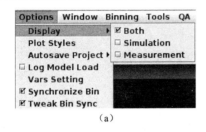　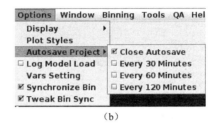

（a）　　　　　　　　　　　　　　　（b）

图 3.5　"Options"菜单：（a）设置曲线类型；（b）设置自动保存模板

图 3.6 所示为"Window"菜单的选项，用户可选择开启或关闭不同视窗。"Project"选项用于打开对应的 project 视窗。"Config"选项用于打开 project 设定视窗。"Cards"选项用于打开 model 显示视窗（默认打开）。"Model&Params"选项用于打开参数显示视窗（默认打开）。"Parameter Mapping"选项用于打开选取和调整参数显示视窗。"Tweak"选项用于打开仿真参数信息视窗。"Output"选项用于打开仿真记录信息视窗。"Optimization"选项用于打开参数优化视窗。"Error Log"选项用于打开程序错误记录信息视窗。"Create Browser"选项用于创建新的视窗。"Table"选项用于打开图形和表格显示视窗。

"Binning"菜单用于实现 model 的切换和参数设置，如图 3.7 所示。"Point To Bin"选项可以打开界面，实现 point model 向 bin model 的转换。"Bin To Point"选项可以打开界面，实现 bin model 向 point model 的转换。"Binning Sync Parameter"选项用于设置 bin model 的参数，并实现 bin model 参数的同步。

　　　　　　　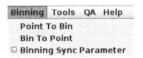

图 3.6　"Window"菜单　　　　　图 3.7　"Binning"菜单

在"Binning"菜单旁边的"Tools"菜单用于数据处理，如图 3.8 所示。"Export Data"选项用于导出当前加载的数据。"Create Data"选项用于创建虚拟数据。"Convert Data"选项用于转换 RF 数据。"Data Loader"选项用于导入数据。"Param QA"选项用于调出 model 参数验证界面。"Convert WPE Data"选项用于转换 wpe 数据。"Extend Corner Data"选项用于生成 corner target。"Script"选项用于调用 script 脚本进行一些特定的仿真。

"Tools"菜单右边的是"QA"菜单，如图 3.9 所示。"Model QA"选项用于开启"Model QA"界面。"QA Setting"选项用于设置 simulator、variable、corner list 等 model 基本信息。"QA Result"选项用于验证 QA 结果。"QA Variable Setting"选项用于设置 QA 变量。"Tweak

Model"选项用于设置在 Model QA 界面进行的操作选项。

"Help"菜单用于查看版本和代码信息。

图 3.8　"Tools"菜单

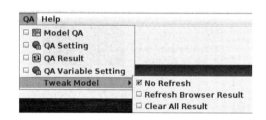

图 3.9　"QA"菜单

3.2.2　工具栏

图 3.10 所示为工具栏按钮，其中的图标从左到右分别用于打开 demo 模板、保存当前模板信息、加载数据、清除加载的数据、比较不同 model 之间的仿真结果、查看仿真点上的坐标、强制仿真、打开优化器界面。

图 3.10　工具栏按钮

3.2.3　任务栏

任务栏如图 3.11 所示，可通过选择任务栏中的器件来开展模型拟合。最左侧的 5 个"Device"按钮从上至下依次用于：刷新器件对应的 plot；选中状态，同步显示一个器件下所有的 plot；勾选所有的器件；取消对所有器件的勾选；显示当前数据的点位分布。

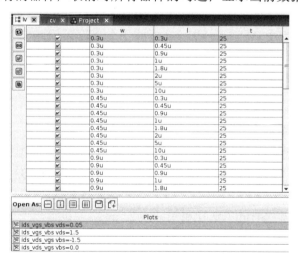

图 3.11　任务栏

下方的 6 个按钮 ⊟ ⓘ ▤ ▥ ⊞ ⟳，从左到右分别用于：显示当前 plot 的所有器件的图；显示所有的 plot，按 plot 循环排列；显示所有的 plot，按器件循环排列；显示所有 plot 的器件的所有图；将当前界面的 plot 保存为 txt 文件；加载 txt 文件。

3.2.4　拟合曲线界面

拟合曲线界面如图 3.12 所示，该界面显示实验数据、仿真结果和拟合的精度。图中左上角的 7 个图标 ▦ ▣ ⊗ ⊠ ▦ ▦ ×，从左到右分别用于：返回前一页；查看下一页；清除当前界面的 plot；新加一页；打开排图编辑界面；设置当前界面 plot 显示的布局；删除当前的 browser 界面。

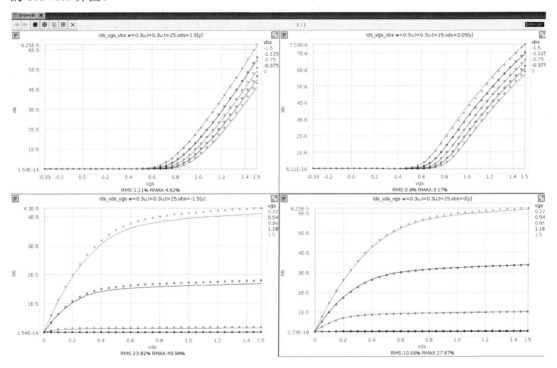

图 3.12　拟合曲线界面

3.2.5　模型面板界面

在图 3.1 中模型面板界面的"Cards"窗口中单击右键，会显示如图 3.13 所示的菜单。"Add"选项用于加载新的 lib 文件，可以是 .l、.lib、.scs、.pm、.mode、.sp 等格式的文件。"Add File To Lib"选项用于将没有在 lib 文件下的 model 加载到同一 lib 文件下。"Reload Library"选项用于重新加载整个 lib 文件，得到原始文件的最新状态。"Open Param Config"选项用于点击查看 model 的参数信息，方便随时清理 model mapping 信息。"Open In Text Editor"选项用于打开编辑界面，对 model 参数进行操作。"Load Point Models"选项用于一次性加入多个 point model。

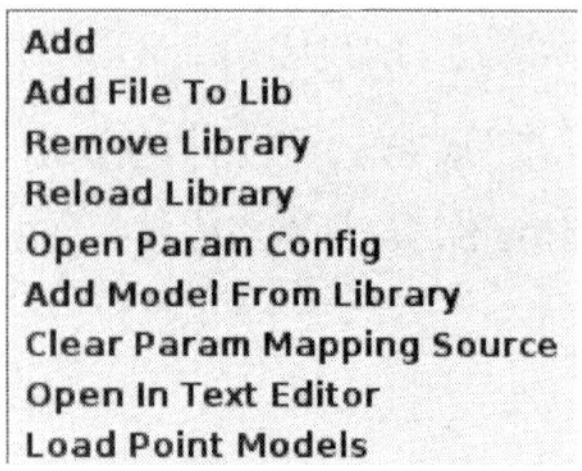

```
Add
Add File To Lib
Remove Library
Reload Library
Open Param Config
Add Model From Library
Clear Param Mapping Source
Open In Text Editor
Load Point Models
```

图 3.13　"Cards" 窗口右键菜单

3.2.6　模型参数界面

图 3.14 所示为"Model&Params"界面，该界面可以查看参数显示并选择参数进行修改。"Filter"输入框用于筛选参数显示，类似于查找功能。"Simple Model"选项用于简化参数显示内容。图标 G 用于分类分组筛选参数显示。图标 Q 用于根据一部分字母筛选参数显示。图标 □ 用于将当前的参数状态保存为 txt 文件。图标 ⟲ 用于加载文件的参数状态。图标 ⤵ 用于勾选多个参数显示到 tweak 栏。图标 ↩ 用于取消参数显示勾选。

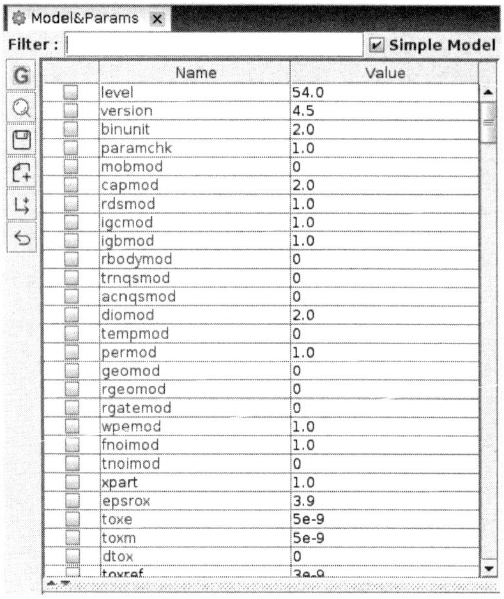

Name	Value
level	54.0
version	4.5
binunit	2.0
paramchk	1.0
mobmod	0
capmod	2.0
rdsmod	1.0
igcmod	1.0
igbmod	1.0
rbodymod	0
trnqsmod	0
acnqsmod	0
diomod	2.0
tempmod	0
permod	1.0
geomod	0
rgeomod	0
rgatemod	0
wpemod	1.0
fnoimod	1.0
tnoimod	0
xpart	1.0
epsrox	3.9
toxe	5e-9
toxm	5e-9
dtox	0
toxref	3e-9

图 3.14　"Model&Params" 界面

3.2.7　调参界面

图 3.15 所示为"Tweak"调参界面，主要用于调整参数及设置参数。图中第一行从左到右，各个图标的功能分别为：◁ 用于向左返回上一个状态；▷ 用于向右转到下一个状态；▣ 用于清除 tweak 栏中显示的参数；⊞ 用于改变参数边界；▣ 在被点击后会变为 3 个按钮，分别用于回到修改前的状态、保留修改后的状态、提示修改的值是否保留；C 用于设置在 tweak 栏只显示参数的常数项；S 用于设置参数同步；⚙ 用于设置 tweak 栏的显示特性；▶ 用于启动优化器界面，设置自动提取。

左侧栏有两个图标。其中，H用于显示调整参数的历史记录，可按照所调的参数顺序显示；用于删除参数修改的历史记录。

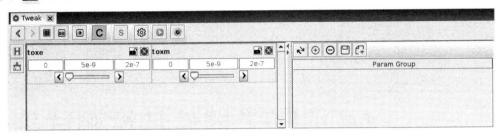

图 3.15 "Tweak" 调参界面

3.2.8 仿真输出界面

图 3.16 所示为 "Output" 仿真输出界面，该界面可输出模型仿真时间、警告信息和报错信息。

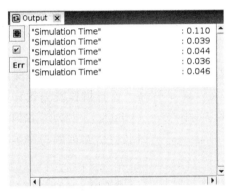

图 3.16 "Output" 仿真输出界面

习　　题

（1）XModel 可以支持哪些类型的器件的仿真？
（2）熟练掌握 XModel 的基本功能和界面操作。

第4章

MOSFET 器件特性测试平台

MOSFET 器件特性测试平台包括半导体测试探针台及半导体器件参数分析仪,采用上述仪器即可对不同类型的半导体器件进行在线测量和数据分析。

4.1 半导体测试探针台

半导体器件的片上测试主要是在半导体测试探针台上完成的。半导体测试探针台可用于不同器件或电路的电学表征、测试建模、设计调试及失效分析等。不同类型探针台的结构可能略有不同,但基本都包括载物台(Chuck)、移动系统和显微镜系统三部分。TS200半导体测试探针台如图 4.1 所示,基本具备完成当前的先进半导体工艺和大规模集成电路测量所需的精度和功能。

图 4.1 TS200 半导体测试探针台

　　根据载物台的移动方式，半导体测试探针台可分为手动探针台、半自动探针台和全自动探针台三类。结合后端不同的测试设备，半导体测试探针台可进行 WAT/CP 测试、I-V/C-V测试、RF/mmW 测试、高压/大电流测试、MEMS 测试、高低温测试及失效分析等，若加载温控系统，还可实现高低温环境下各种晶圆器件的性能测试。

　　载物台用来放置测试晶圆，一般可放置 2 英寸、4 英寸、8 英寸和 12 英寸的晶圆。移动系统可实现载物台及晶圆的上下左右移动，当前先进的半导体测试探针台载物台的移动运行速率可高达 70mm/s，精度小于 1μm，即在具有较高运动速率的同时还可保持运动加减速的稳定性，从而确保各类测试的高重复性和稳定性。显微镜系统将载物台上晶圆及探针的情况如实放大，根据不同的内置显微镜及倍率光路系统，目前基本可实现 100～2000 倍的放大。显微镜下观测的晶圆及探针如图 4.2 所示，还可实现大小多视场同时显示，以实现高精度的测试及动态监测。

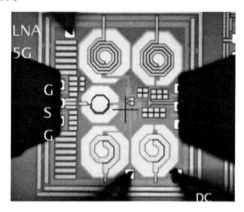

图 4.2　显微镜下观测的晶圆及探针

4.2　半导体器件参数分析仪

4.2.1　分析仪简介

　　半导体器件参数分析仪集成多种测量和分析功能，可快速、精确地进行器件表征，可执行从基本的 I-V 和 C-V 表征到快读脉冲 I-V 测试的全方位测量，支持高效和可重复的器件表征，可帮助工程师对器件、材料、有源/无源器件进行快速、精确的表征和测试。

　　不同的半导体器件参数分析仪的结构可能略有不同，但基本功能类似，此处以是德科技 B1500 半导体参数分析仪（简称 B1500）为例进行介绍，其面板布局如图 4.3 所示，背面板示意图如图 4.4 所示。通过加载其他模块，B1500 可以实现定制和扩展的 I-V、C-V 和超快 I-V 测试。搭配高功率 SUM（HPSMU），可实现 200V/1A 的测试极限；搭配中功率SMU（MPSMU），可实现 100V/0.1A 的测试极限；搭配高分辨 SMU（HRSMU），最小分辨率可达 1fA/0.5μV。搭配波形发生器/快速测量单元（WGFMU），可实现超快速脉冲和瞬态 I-V 测试，波形程控分辨率可达 10ns，输出峰峰值可达 10V。

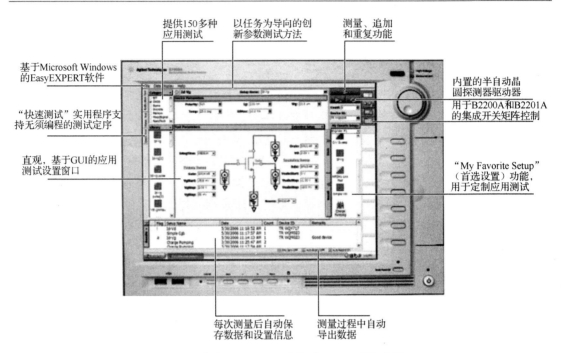

提供150多种应用测试

以任务为导向的创新参数测试方法

测量、追加和重复功能

基于Microsoft Windows 的EasyEXPERT软件

内置的半自动晶圆探测器驱动器用于B2200A和B2201A的集成开关矩阵控制

"快速测试"实用程序支持无须编程的测试定序

直观，基于GUI的应用测试设置窗口

"My Favorite Setup"（首选设置）功能，用于定制应用测试

每次测量后自动保存数据和设置信息

测量过程中自动导出数据

图 4.3　集成 EasyExpert 软件的 B1500 面板布局

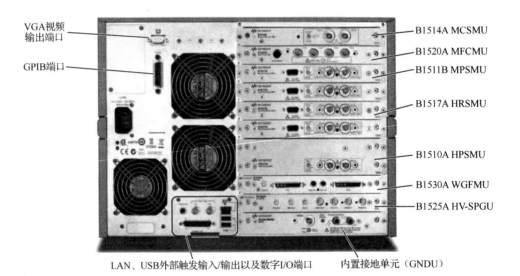

VGA视频输出端口

B1514A MCSMU

GPIB端口

B1520A MFCMU

B1511B MPSMU

B1517A HRSMU

B1510A HPSMU

B1530A WGFMU

B1525A HV-SPGU

LAN、USB外部触发输入/输出以及数字I/O端口

内置接地单元（GNDU）

图 4.4　B1500 背面板示意图

B1500 的主要功能及优势如表 4.1 所示。

表 4.1　B1500 的主要功能及优势

主要功能	优势
精密的电压和电流测试（0.1fA/0.5µV 的最小分辨率）	精确表征低电压和小电流

主要功能	优势
用于多频率电容测试、电流-电压测试切换的高精度和低成本解决方案	不需要重新连线即可在 *C-V* 和 *I-V* 测试之间切换。 保持出色的小电流测试分辨率（使用 SCUU 时最小为 1fA，使用 ASU 时最小为 0.1fA）。 为被测件提供完整的 *C-V* 补偿输出
超快速 *I-V* 测试，100nm 脉冲和 5ns 采样速率	捕获传统测试仪无法精确测试的超快瞬态现象
即时可用超过 300 种应用测试	缩短从学习仪器使用、精确测试到熟练操作仪器的时间
包含示波器视图的曲线追踪仪模式	交互式地开发测试，并即时查看器件特性。 不需要使用任何其他设备即可对电流和电压脉冲进行验证
强大的数据分析功能与稳定可靠的数据管理功能	自动分析测试数据，无须使用外部 PC。 自动存储测试数据和测试条件，日后可快速调用此信息

　　B1500 集成的 EasyExpert 软件包含 300 多种可以即时使用的应用测试方案，使用者只需简单的步骤便可对半导体器件、电子材料、有源/无源器件以及许多其他类型的电子器件进行表征。B1500 部分可用的应用测试实例如表 4.2 所示。

表 4.2　B1500 部分可用的应用测试实例

类别	应用测试
MOSFET	I_{DS}-V_{DS}、I_{DS}-V_{GS}、V_{TH}、击穿、电容、QSCV 等
双极型晶体管（BJT）	I_C-V_{CE}、二极管、Gummel 曲线、击穿、电容等
分立器件	I_{DS}-V_{DS}、I_{DS}-V_{GS}、I_{CE}-V_{CE}、二极管等
存储器	V_{TH}、电容、耐久性测试等
功率器件	脉冲 I_{DS}-V_{GS}、脉冲 I_{DS}-V_{DS}、击穿等
纳米器件	电阻、I_{DS}-V_{DS}、I_{DS}-V_{GS}、I_{CE}-V_{CE} 等
可靠性测试	NBTI/PBTI、电荷泵、电迁移、HCI、TDDB 等

4.2.2　测试模式

　　B1500 有 4 种测试模式，分别为应用测试模式（Application Test）、传统测试模式（Classic Test）、追踪仪测试模式（Tracer Test）和快速测试模式（Quick Test）。

1. 应用测试模式

　　应用测试模式示意图如图 4.5 所示，该模式提供了应用式的点击测试设置和执行过程。测试者可以从程序库中按照器件类型选择相应的测试程序。

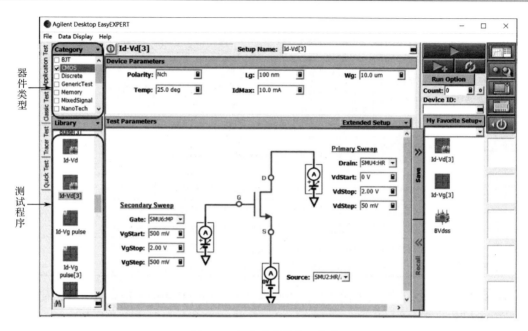

图 4.5　应用测试模式示意图

2．传统测试模式

传统测试模式示意图如图 4.6 所示，该模式提供了功能式的测试设置和执行方式，可以进行 *I-V* 扫描、多通道 *I-V* 扫描、*C-V* 扫描及脉冲测试等。

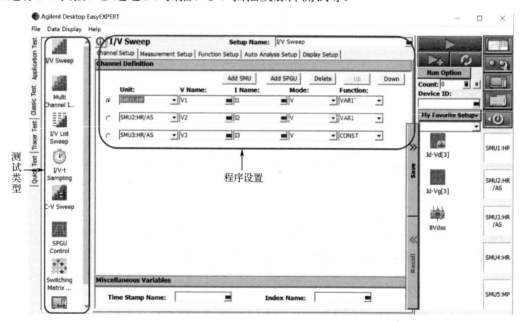

图 4.6　传统测试模式示意图

3．追踪仪测试模式

追踪仪测试模式示意图如图 4.7 所示，该模式提供了直观和交互式的扫描控制能力，使用类似于曲线追踪仪的旋钮进行控制。在追踪仪测量模式中创建的测试设置可瞬间平稳地转换到传统测试模式中。

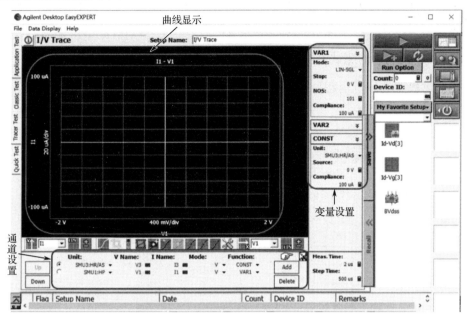

图 4.7　追踪仪测试模式示意图

4．快速测试模式

快速测试模式示意图如图 4.8 所示，在该模式下，测试者不需要编程即可执行测试任务。只需要事先将要进行的测试按照顺序添加到快速模式中，然后点击鼠标，便可选择、复制、重排和剪切应用测试程序，并生成自动测试序列。

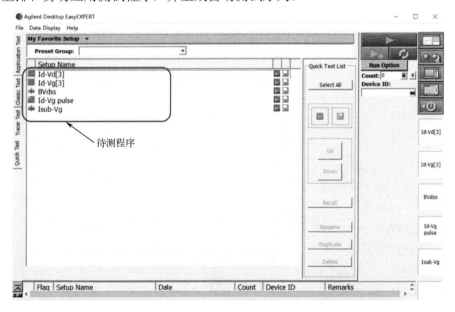

图 4.8　快速测试模式示意图

4.2.3 测试流程

B1500 有 4 种测试模式,每种测试模式都有相应的应用场景。其中,应用测试模式和传统测试模式使用较多,下面将分别介绍这两种模式的测试流程。

1. 应用测试模式的测试流程

应用测试模式的测试流程如图 4.9 所示,通常包括以下 3 步。

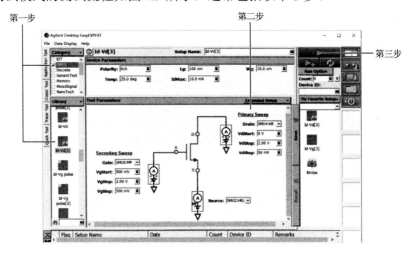

图 4.9　应用测试模式的测试流程

第一步,从配备的程序库中选择对应的器件类型,然后在下方测试程序中找到对应的测试程序。

第二步,根据需要来修改测试参数。此步骤非常关键,决定了测试是否可以正确执行。可将定制的测试参数保存在 "My Favorite" 设置中。以 MOSFET 的 I_{DS}-V_{DS} 测试模块为例,应用测试模式下测试程序的设置如图 4.10 所示,首先要确定每个端口对应的 SMU(此 SMU 须跟 B1500 后面的 SMU 一致),然后修改扫描变量的初始值、终止值和扫描间隔。

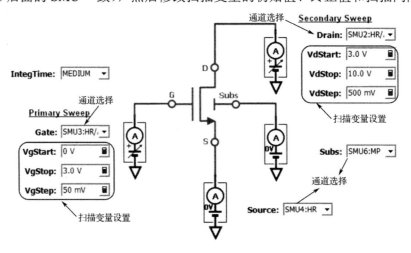

图 4.10　应用测试模式下测试程序的设置

第三步，点击测试按钮，启动测试。此时，测试图形、数值测量结果、数据分析及参数提取结果将会自动显示在屏幕中，如图 4.11 所示。

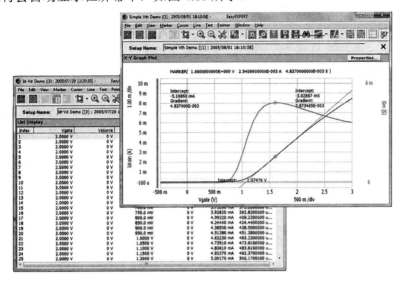

图 4.11　测试结果的显示

2. 传统测试模式的测试流程

传统测试模式的测试流程主要包括以下 4 步，下面以简单的 *I-V* 扫描为例进行说明。

第一步，设置扫描通道及扫描模式，如图 4.12 所示。首先，点击 "Add SMU" 或 "Add SPGU" 按钮，增加扫描通道，设置扫描通道对应的电压名称（V Name）及电流名称（I Name）；然后，设置扫描模式（Mode），包括电压（V）、电流（I）、脉冲电压（VPluse）、脉冲电流（IPulse）和公共端（Common）；最后，在 "Function" 选项中选择扫描类型，如 "VAR1" "VAR2" "VAR1'" "CONST" 等。

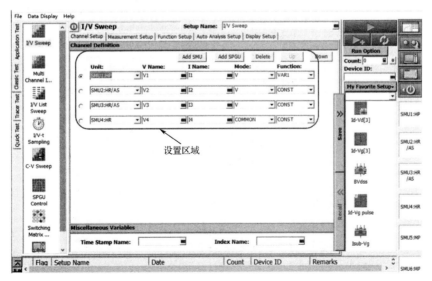

图 4.12　设置扫描通道及扫描模式

第二步，设置测试程序中的扫描变量，如图 4.13 所示，包括扫描方式（"LINEAR"或"LOG"），扫描初始值、终止值、扫描间隔以及限流条件。需要注意的是，扫描变量中必须存在的是"VAR1"，扫描变量"VAR1'"和"VAR1"满足线性关系，可通过"Ratio"和"Offset"进行设置。

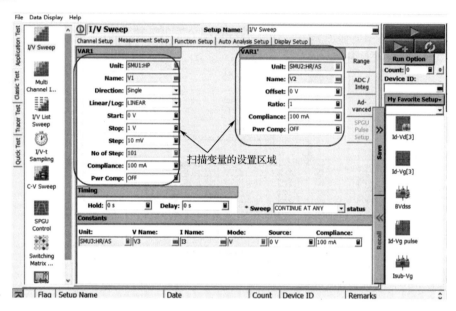

图 4.13　设置测试程序中的扫描变量

第三步，设置函数，如图 4.14 所示。通过设置函数可引入一些参数，如双极型晶体管的电流增益 $\beta = I_\mathrm{C}/I_\mathrm{B}$、场效应晶体管的跨导 $g_\mathrm{m} = \dfrac{\mathrm{d}I_\mathrm{DS}}{\mathrm{d}V_\mathrm{GS}}$ 等，这些参数可以在测试输出图像中显示。

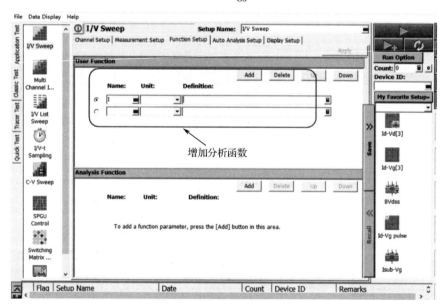

图 4.14　设置函数

　　第四步，设置输出显示，如图 4.15 所示，包括三个部分。一是输出图形的设置，即设置输出图像的 X、Y 坐标，包括起始值和终止值、线性或对数显示等。二是输出数据的设置，所有添加在"List Display"模块中的数据，均会被输出在测试数据的列表中。三是输出参数的设置，将需要输出的参数添加至"Parameters"模块即可。

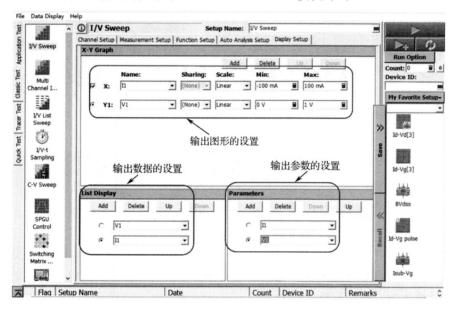

图 4.15　设置输出显示

习　　题

　　（1）半导体测试探针台的用途是什么？了解下当前半导体测试探针台的最新发展状况。

　　（2）半导体参数分析仪可对器件进行哪些性能测试？

　　（3）在进行高压器件和低功耗器件的测试时，对于半导体参数分析仪而言有哪些关键的性能指标要求？

第5章

MOSFET 器件电学特性测试

5.1　MOSFET 交流 C-V 特性测试

在 MOSFET 中，栅极到源、漏极的电容 C_{gc} 通常有两部分：交叠电容和沟道电容 C_{ch}。前者是在实际 MOSFET 中源、漏区向栅氧化层下方横向扩展一定的长度产生的。后者是栅极和沟道之间的电容。

MOSFET 的交叠电容由两部分组成：由栅极和重掺杂源、漏区形成的有效交叠电容；由栅极和轻掺杂源、漏区形成的电容。

根据器件几何结构，沟道电容 C_{ch} 分为栅极至源极电容 C_{chs}、栅极至漏极电容 C_{chd} 和栅极至衬底电容 C_{chb}，$C_{ch}=C_{chs}+C_{chd}+C_{chb}$。当晶体管在截止区时，不存在沟道，$C_{ch}$ 主要存在于栅极至衬底之间，即 $C_{ch}=C_{chb}$；当晶体管在线性区时，源极至漏极之间形成均匀反型层，屏蔽了 C_{chb}，此时 $C_{chs}=C_{chd}=1/2C_{ch}$；当晶体管在饱和区时，沟道被夹断，栅极至漏极电容 C_{chd} 和栅极至衬底电容 C_{chb} 近似为 0，$C_{ch}=C_{chs}$。

在测试 C_{gc} 时，通常将源极和漏极短接作为电容的一个端口，栅极作为电容的另一个端口，如图 5.1（a）所示。当测试 C_{gg} 时，通常将源极、漏极和衬底短接作为电容的一个端口，栅极作为电容的另一个端口，如图 5.1（b）所示。C_{gg} 随 V_{GS} 变化的曲线如图 5.2 所示[1]。

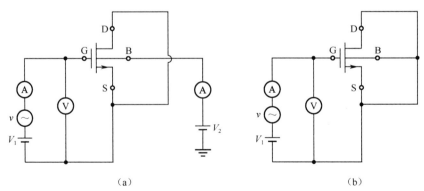

（a）　　　　　　　　　　　　　　　　　（b）

图 5.1　MOSFET 覆盖电容测试原理图：（a）C_{gc} 测试原理图；（b）C_{gg} 测试原理图

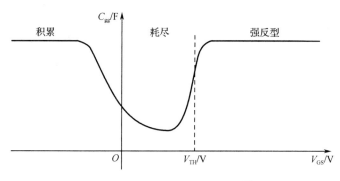

图 5.2　C_{gg} 随 V_{GS} 变化的曲线[1]

1. 测试前的准备

（1）启动 B1500，进行测试前的准备。

（2）使用三根连接线将探针连接到 B1500 背面板的三个 SMU（SMU1、SMU2 和 SMU3）上，用转接头将三个 SMU 短接在一起，用另一根线连接 B1500 背面板的 CMU。

（3）将被测芯片载入探针台，调整显微镜以及载物台 X、Y、Z 方向的千分尺，使被测器件进入显微镜的视野后，分别将四个探针扎到被测 MOSFET 的四个焊盘上，以确保探针与焊盘之间接触良好。

（4）选择 B1500 中 "Classic Test" 模式下的 "C-V Sweep" 测试程序。

2. 交流 C-V 特性测试

（1）测试 C_{gc}，测试电路如图 5.1（a）所示，测试条件如表 5.1 所示。

表 5.1　C_{gc} 的测试条件（电源电压 V_{DD}=5V）

参数	连接端	起始扫描电压（Start）/V	终止扫描电压（Stop）/V	扫描间隔（Step）/V
V_G	"lo"	$-1.1V_{DD}$	$1.1V_{DD}$	0.05
V_D、V_S	"hi"	0	0	0
V_{sub}	5 种不同偏压	0	$1.1V_{DD}$	$1.1V_{DD}/4$

（2）在 "Channel Setup" 模块下，单击 "Add SMU" 按钮添加 3 个 SMU 和 1 个 CMU，CMU 对应栅极，SMU 对应源极、漏极及衬底，对应填写 "V Name" 和 "I Name"，在 "Mode" 选项中，将源极和漏极设置为 "COMMON"，衬底选择 "V"；在 "Function" 选项中，源极、漏极和衬底均选择 "CONST"，栅极选择 "VAR1"，C_{gc} 测试通道设置如图 5.3 所示。

（3）在 "Measurement Setup" 模块下，设置扫描变量 VAR1（VG）的扫描方式（LINEAR 或 LOG）、起始扫描电压（Start）、终止扫描电压（Stop）和扫描间隔（Step），测试模型选择 "Cp-G"。在 "Signal Source" 部分，设置测试频率和小信号电压幅度。在 "Integration Time" 部分的 "Mode" 选项中，选择 "AUTO"。在 "Constants" 部分，设置衬底电压 Vsub。C_{gc} 测试扫描变量设置如图 5.4 所示。

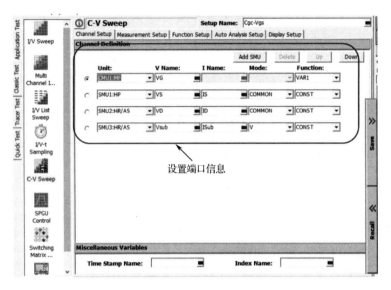

图 5.3 C_{gc} 测试通道设置

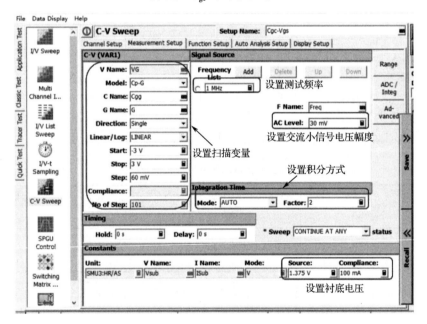

图 5.4 C_{gc} 测试扫描变量设置

（4）在"Display Setup"模块下，设置输出显示。在"X-Y Graph"部分，单击"Add"按钮，增加需要输出显示曲线的数据"VG"和"Cgc"，并设置显示形式（线性或对数）、最大值和最小值。在"List Display"部分，单击"Add"按钮，增加"VG""Cgc""IS""ID""Isub"。C_{gc} 测试显示设置如图 5.5 所示。

（5）单击右侧的"Save"按钮，将上述程序保存在"My Favorite Setup"中，并重命名为"Cgc-VGS@Vsub"，以便后续调用。

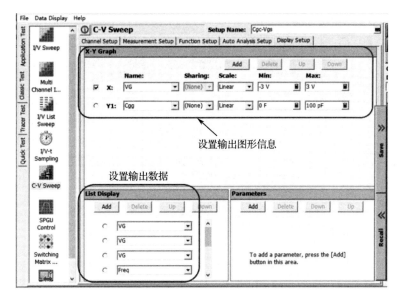

图 5.5　C_{gc} 测试显示设置

（6）测试 C_{gg}，将源极、漏极、衬底三个端口短接在一起，测试电路如图 5.6（a）所示，其他设置与测试 C_{gc} 相同，具体的设置方式如图 5.6（b）～（d）所示。将上述程序保存在"My Favorite Setup"中，并重命名为"Cgg-VGS"，以便后续调用。

（7）将探针移动到下一个待测器件的四个焊盘上，依次从"My Favorite Setup"中调出已保存的"Cgc-VGS@Vsub"和"Cgg-VGS"程序进行测试。

（8）完成所有器件的测试后，拆开连接探针台和 B1500 的连接线，关闭 B1500，取出芯片，关闭探针台，整理实验器材。

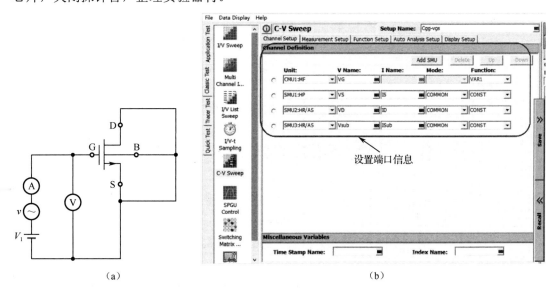

图 5.6　C_{gg} 测试设置：（a）测试电路；（b）测试通道设置；（c）测试扫描变量设置；（d）测试显示设置

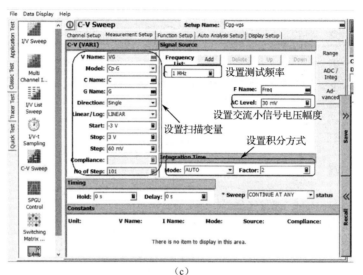

(c)

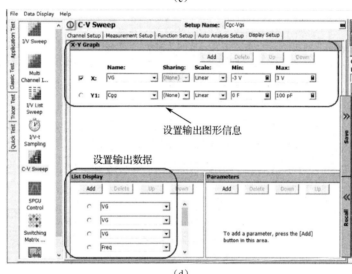

(d)

图 5.6 C_{gg} 测试设置：（a）测试电路；（b）测试通道设置；（c）测试扫描变量设置；（d）测试显示设置（续）

5.2 MOSFET 转移特性测试

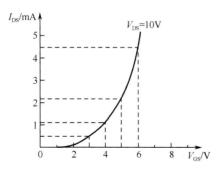

图 5.7 NMOS 的转移特性曲线

MOSFET 转移特性是在 V_{DS} 一定的条件下，V_{GS} 对 I_{DS} 的控制特性[2]，即 $I_{DS} = f(V_{GS})|_{V_{DS}=constant}$。NMOS 的转移特性曲线如图 5.7 所示。当 MOSFET 处于饱和区时，由于 I_{DS} 受 V_{DS} 的影响很小，因此在饱和区内，在不同 V_{DS} 下的转移特性曲线基本重合。

1. 测试前的准备

（1）启动 B1500，并将探针台底部的真空泵打开。

（2）使用四根连接线将探针连接到 B1500 背面板的四个 SMU（SMU1、SMU2、SMU3 和 SMU4）上。

（3）将被测芯片载入探针台，调整显微镜和载物台 *X*、*Y*、*Z* 方向的千分尺，使被测器件进入显微镜的视野中后，分别将四个探针扎到被测 MOSFET 的四个焊盘上（注意：在显微镜下观察针尖的移动，以确保探针与焊盘之间接触良好）。

2．转移特性测试

（1）选择 B1500 中 "Classic Test" 模式下的 "*I-V* Sweep" 测试程序，测试条件如表 5.2 所示。

表 5.2　转移特性的测试条件（电源电压 V_{DD}=5V）

参数	起始扫描电压（Start）/V	终止扫描电压（Stop）/V	扫描间隔（Step）/V	扫描数（Step num）/V
V_G	−0.2	1.98	0.02	110
V_D	0.05	V_{DD}	V_{DD}	2
V_B	0	$-V_{DD}$	$-V_{DD}/4$	5
V_S	0	0	0	0

（2）在 "Channel Setup" 模块中，单击 "Add SMU" 按钮添加 4 个 SMU，依次分配给晶体管的四个端口，并对应填写 "V Name" 和 "I Name"，四个端口的 "Mode" 选项均选择 "V"，在 "Function" 选项中，源极和衬底均选择 "CONST"，漏极选择 "VAR1"，栅极选择 "VAR2"，转移特性曲线测试通道设置如图 5.8 所示。

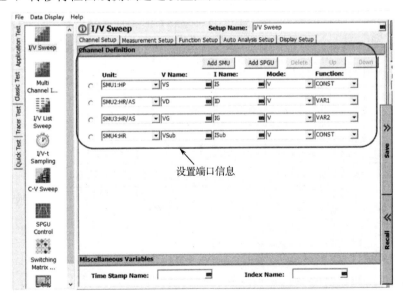

图 5.8　转移特性曲线测试通道设置

（3）在 "Measurement Setup" 模块中，首先设置扫描变量 VAR1（VD）的扫描方式（LINEAR 或 LOG）、起始扫描电压（Start）、终止扫描电压（Stop）、扫描间隔（Step）及限流（Compliance）；然后设置扫描变量 VAR2（VG）的起始扫描电压（Start）、终止扫描电压（Stop）、扫描间隔（Step）及限流（Compliance）；最后在"Constants"部分，设置衬底电压"VSub"，并将源极电压"VS"设为 0。转移特性曲线扫描变量设置如图 5.9 所示。

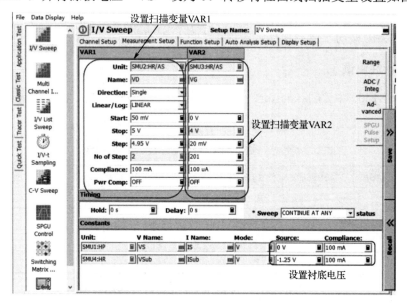

图 5.9　转移特性曲线扫描变量设置

（4）在"Display Setup"模块中，设置输出显示。在"X-Y Graph"部分，单击"Add"按钮，增加需要输出显示曲线的数据"VG"和"ID"，并将二者的显示形式分别设置为线性显示和对数显示，还要设置"VG"和"ID"的最大值和最小值。在"List Display"部分，单击"Add"按钮，增加"VG""ID""IS""IG""ISub"。转移特性曲线显示设置如图 5.10 所示。

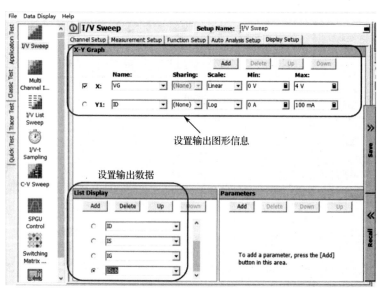

图 5.10　转移特性曲线显示设置

（5）单击右侧的"Save"按钮，将上述程序保存在"My Favorite Setup"中，并重命名为"IDS-VGS@VSub"，以便后续调用。在调用时，须修改衬底电压，以测试在不同衬底电压下的转移特性。

（6）将探针移动到下一个待测器件的四个焊盘上后，依次从"My Favorite Setup"中调出已保存的"IDS-VGS"程序，进行测试。

（7）完成测试后，拆开连接探针台和 B1500 的连接线，关闭 B1500，取出芯片，关闭探针台，整理实验器材。

5.3　MOSFET 输出特性测试

MOSFET 输出特性是在 V_{GS} 一定的条件下，I_{DS} 与 V_{DS} 之间的关系，即 $I_{DS} = f(V_{DS})|_{V_{GS}=\text{constant}}$。图 5.11 所示为增强型 NMOS 的输出特性曲线，因为 $V_{DS}=V_{GS}-V_{TN}$（V_{TN} 是 NMOS 的阈值电压）是预夹断的临界条件，据此可在输出特性曲线上画出预夹断临界点轨迹，该轨迹也是可变电阻区（非饱和区）和饱和区的分界线。

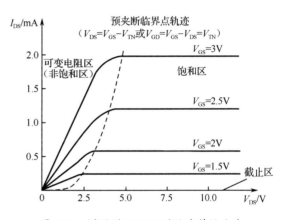

图 5.11　增强型 NMOS 的输出特性曲线

1．测试前的准备

（1）启动 B1500，并将探针台底部的真空泵打开。

（2）使用四根连接线将探针连接到 B1500 背面板的 4 个 SMU（SMU1、SMU2、SMU3 和 SMU4）上。

（3）将被测芯片载入探针台，调整显微镜以及载物台 X、Y、Z 方向的千分尺，使被测器件进入显微镜的视野后，分别将四个探针扎到被测 MOSFET 的四个焊盘上（注意：在显微镜下观察针尖的移动，以确保探针与焊盘之间接触良好）。

2．输出特性测试

（1）选择 B1500 中"Classic Test"模式下的"I-V Sweep"测试程序。输出特性测试条件如表 5.3 所示。

表 5.3　输出特性测试条件（电源电压 V_{DD}=5V）

参数	起始扫描电压（Start）/V	终止扫描电压（Stop）/V	扫描间隔（Step）/V	扫描数（Step num）/V
V_D	0	5.5	0.02	100
V_G	1.25	5	1.25	5
V_{sub}	0	−5	−5	2
V_S	0	0	0	0

（2）在"Channel Setup"模块中，单击"Add SMU"按钮，添加 4 个 SMU，依次分配给晶体管的四个端口，并对应填写"V Name"和"I Name"，四个端口的"Mode"选项均选择"V"，在"Function"选项中，源极和衬底均选择"CONST"，与转移特性不同的是，此处栅极选择"VAR1"，漏极选择"VAR2"。输出特性曲线测试通道设置如图 5.12 所示。

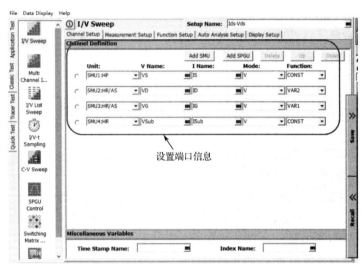

图 5.12　输出特性曲线测试通道设置

（3）在"Measurement Setup"模块中，首先设置扫描变量 VAR1（VG）的扫描方式（此处设置为 LINEAR）、起始扫描电压（Start）、终止扫描电压（Stop）、扫描间隔（Step）及限流（Compliance）；然后设置扫描变量 VAR2（VD）的起始扫描电压（Start）、终止扫描电压（Stop）、扫描间隔（Step）及限流（Compliance）；最后在"Constants"部分，设置衬底电压 VSub，并将源极电压设为 0。输出特性曲线扫描变量设置如图 5.13 所示。

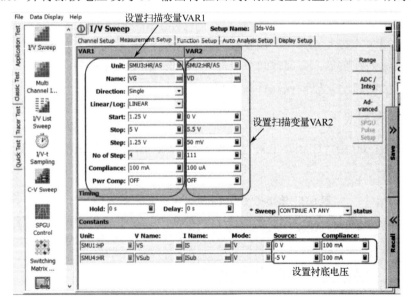

图 5.13　输出特性曲线扫描变量设置

（4）在"Display Setup"模块中，设置输出显示。在"X-Y Graph"部分，点击"Add"按钮，增加需要输出显示曲线的数据"VD"和"ID"，并设置对应的最大值和最小值，两者均线性显示。在"List Display"部分，单击"Add"按钮，增加"VD""ID""IS""IG""ISub"。输出特性曲线显示设置如图 5.14 所示。

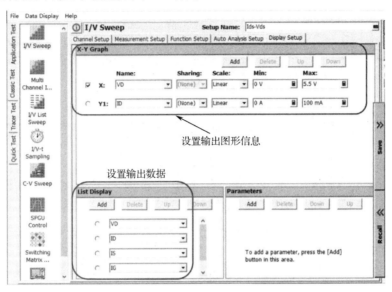

图 5.14　输出特性曲线显示设置

（5）单击右侧的"Save"按钮，将上述程序保存在"My Favorite Setup"中，并重命名为"IDS-VGS@VSub"，以便后续调用。在调用时，须修改衬底电压，以测试不同衬底电压下的输出特性。

（6）将探针移动到下一个待测器件的四个焊盘上后，依次从"My Favorite Setup"中调出已保存的"IDS-VDS"程序，进行测试。

（7）完成测试后，拆开连接探针台和 B1500 的连接线，关闭 B1500，取出芯片，关闭探针台，整理实验器材。

5.4　超深亚微米 MOSFET 栅极电流特性测试

常规尺寸 MOSFET 的栅极电流非常微小，较难测出，随着器件尺寸一再缩小，器件的沟道尺寸也随之缩小，考虑到器件的兼容性问题，电源电压一般不会等比例缩小，这就会产生热载流子效应，一些热载流子会克服 Si/SiO_2 界面势垒注入栅氧化层并被栅极收集，形成栅极电流[3]。

1．测试前的准备

（1）启动 B1500，并将探针台底部的真空泵打开。

（2）使用四根连接线将探针连接到 B1500 背面板的四个 SMU（SMU1、SMU2、SMU3

和 SMU4）上。

（3）将被测芯片载入探针台，调整显微镜以及载物台 X、Y、Z 方向的千分尺，使被测器件进入显微镜的视野后，分别将四个探针扎到被测 MOSFET 的四个焊盘之上。（注意：在显微镜下观察针尖的移动，以确保探针与焊盘之间接触良好）

2．栅极电流特性测试

（1）选择 B1500 中"Classic Test"模式下的"I-V Sweep"测试程序。栅极电流特性测试条件如表 5.4 所示。

表 5.4　栅极电流特性测试条件（电源电压 V_{DD}=5V）

参数	起始扫描电压（Start）/V	终止扫描电压（Stop）/V	扫描间隔（Step）/V	扫描数（Step num）/V
V_G	−2	$1.1V_{DD}$	0.05	$(1.1V_{DD}+2)/0.05$
V_D	0	V_{DD}	$0.5V_{DD}$	3
V_{sub}	0	0	0	0
V_S	0	0	0	0

（2）在"Channel Setup"模块中，单击"Add SMU"按钮，添加 4 个 SMU，依次分配给晶体管的四个端口，并对应填写"V Name"和"I Name"，四个端口的"Mode"选项均选择"V"，在"Function"选项中，源极和衬底均选择"CONST"，漏极选择"VAR1"，栅极选择"VAR2"。栅极电流测试通道设置如图 5.15 所示。

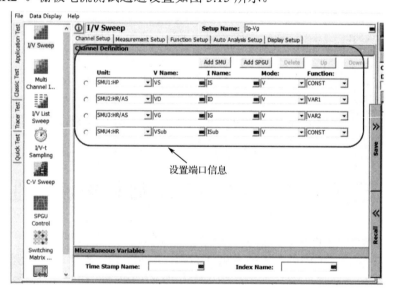

图 5.15　栅极电流测试通道设置

（3）在"Measurement Setup"模块中，首先设置扫描变量 VAR1（VD）的扫描方式（此处设置为 LINEAR）、起始扫描电压（Start，此处设置为 0）、终止扫描电压（Stop，此处设置为 V_{DD}）、扫描间隔（Step，此处设置为 $0.5V_{DD}$）及限流（Compliance，此处设置为 100mA）；然后设置扫描变量 VAR2（VG）的起始扫描电压（Start，此处设置为-2V）、终止扫描电压（Stop，

此处设置为 $1.1V_{DD}$）、扫描间隔（Step，此处设置为 0.05V）及限流（Compliance）；最后在"Constants"部分，设置衬底电压和源极电压为 0，栅极电流测试扫描变量设置如图 5.16 所示。

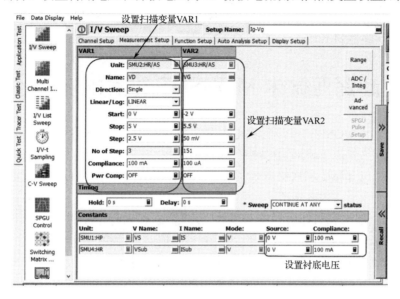

图 5.16　栅极电流测试扫描变量设置

（4）在"Display Setup"模块中，设置输出显示。在"X-Y Graph"部分，单击"Add"按钮，增加需要输出显示曲线的数据"VG"和"IG"，并设置对应的最大值和最小值，设置"VG"线性显示、"IG"对数显示。在"List Display"部分，单击"Add"按钮，增加"VG""ID""IS""IG""Isub"，栅极电流测试显示设置如图 5.17 所示。

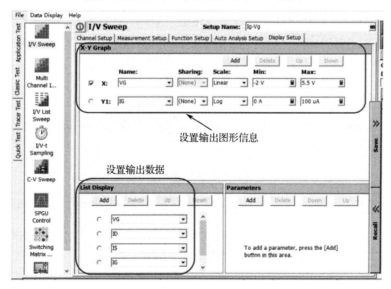

图 5.17　栅极电流测试显示设置

（5）单击右侧的"Save"按钮，将上述程序保存在"My Favorite Setup"中，并重命名为"IG-VGS"，以便后续调用。

（6）将探针移动到下一个待测器件的四个焊盘上后，依次从"My Favorite Setup"中调出已保存的"IG-VGS"程序，进行测试。

（7）完成测试后，拆开连接探针台和 B1500 的连接线，关闭 B1500，取出芯片，关闭探针台，整理实验器材。

5.5　超深亚微米 MOSFET 衬底电流特性测试

在常规尺寸的 MOSFET 中，衬底电流非常小，当由热载流子效应引起沟道中的热载流子相互碰撞时，热载流子将通过电离产生次级电子-空穴对，其中，电子（对于 NMOS 晶体管而言，同时包含原始和次级电子）形成了从源极到漏极的电流，由碰撞产生的次级空穴将漂移到衬底，形成衬底电流 I_{sub}。

I_{sub} 较小时一般不会引起明显的破坏效应，当 I_{sub} 很大时，可能会使芯片上的衬底电压达到饱和，引起电路失效。当较大的 I_{sub} 通过衬底时，还会在衬底上产生电压降，由于MOSFET 的源极通常接地，因此该电压降会使源-衬底 PN 结正偏。它与漏 PN 结耦合，形成一个与 MOSFET 并联的寄生双极型晶体管。这种复合结构是导致大多数短沟道器件发生漏源击穿的原因。

1．测试前的准备

（1）启动 B1500，并将探针台底部的真空泵打开。

（2）使用四根连接线将探针连接到 B1500 背面板的四个 SMU（SMU1、SMU2、SMU3 和 SMU4）上。

（3）将被测芯片载入探针台，调整显微镜以及载物台 X、Y、Z 方向的千分尺，使被测器件进入显微镜的视野中后，分别将四个探针扎到被测 MOSFET 的四个焊盘上。（注意：在显微镜下观察针尖的移动，以确保探针与焊盘之间接触良好）

2．衬底电流特性测试

（1）选择 B1500 中"Classic Test"模式下的"I-V Sweep"测试程序。衬底电流特性测试条件如表 5.5 所示。

表 5.5　衬底电流特性测试条件（电源电压 V_{DD}=5V）

参数	起始扫描电压（Start）/V	终止扫描电压（Stop）/V	扫描间隔（Step）/V	扫描数（Step num）/V
V_G	−2	V_{DD}	$(V_{DD}+2)/100$	100
V_D	$0.3V_{DD}$	$1.1V_{DD}$	$0.2V_{DD}$	5
V_{sub}	0	0	0	0
V_S	0	0	0	0

（2）在"Channel Setup"模块中，单击"Add SMU"按钮，添加 4 个 SMU，依次分配给晶体管的四个端口，并对应填写"V Name"和"I Name"，四个端口的"Mode"选项均选择"V"，在"Function"选项中，源极和衬底均选择"CONST"，漏极选择"VAR1"，栅

极选择"VAR2"。衬底电流测试通道设置如图 5.18 所示。

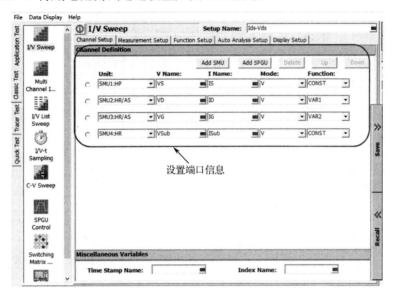

图 5.18　衬底电流测试通道设置

（3）在"Measurement Setup"模块中，首先设置扫描变量 VAR1（VD）的扫描方式（此处设置为 LINEAR）、起始扫描电压（Start，此处设置为 $0.3V_{DD}$）、终止扫描电压（Stop，此处设置为$1.1V_{DD}$）、扫描间隔（Step，此处设置为$0.2V_{DD}$）及限流（Compliance，此处设置为100mA）；然后设置扫描变量 VAR2（VG）的起始扫描电压（Start，此处设置为-2V）、终止扫描电压（Stop，此处设置为 $1.1 V_{DD}$）、扫描间隔（Step，此处设置为0.07V）及限流（Compliance）；最后在"Constants"部分，设置衬底电压和源极电压为 0。衬底电流测试扫描变量设置如图 5.19 所示。

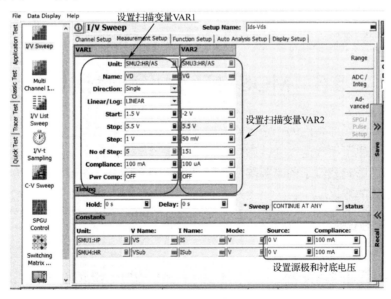

图 5.19　衬底电流测试扫描变量设置

（4）在"Display Setup"模块中，设置输出显示。在"X-Y Graph"部分，单击"Add"按钮，增加需要输出显示曲线的数据"VG"和"ISub"，设置对应的最大值和最小值，设置"VG"线性显示、"ISub"对数显示。在"List Display"部分，单击"Add"按钮，增加"VG""ID""IS""IG""ISub"。衬底电流测试显示设置如图 5.20 所示。

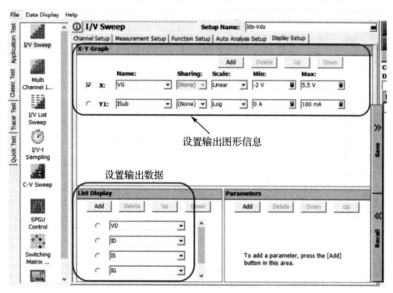

图 5.20　衬底电流测试显示设置

（5）单击右侧的"Save"按钮，将上述程序保存在"My Favorite Setup"中，并重命名为"ISub-VGS"，以便后续调用。

（6）将探针移动到下一个待测器件的四个焊盘上后，依次从"My Favorite Setup"中调出已保存的"ISub-VGS"程序，进行测试。

（7）完成测试后，拆开连接探针台和 B1500 的连接线，关闭 B1500，取出芯片，关闭探针台，整理实验器材。

5.6　MOSFET 温度特性测试

温度是影响半导体特性的一个因素。在不同的温度下，晶体管内的晶格碰撞散射、杂质电离散射等发生了很大的改变，影响载流子的迁移率。此外，在不同的温度下，材料的本征激发不同，影响载流子的有效浓度。综合以上两个因素，在不同的温度下，晶体管的特性将发生较大的变化。

1. 测试前的准备

（1）启动 B1500 和温度控制仪。

（2）使用四根连接线将探针连接到 B1500 背面板的四个 SMU（SMU1、SMU2、SMU3 和 SMU4）上。

（3）将被测芯片载入探针台，调整显微镜以及载物台 X、Y、Z 方向的千分尺，使被测器件进入显微镜的视野后，分别将四个探针扎到被测 MOSFET 的四个焊盘上。（注意：在显微镜下观察针尖的移动，以确保探针与焊盘之间接触良好）

2．温度特性测试

（1）将温度控制仪的温度降低到-40℃后，分别参考 5.2 节和 5.3 节的实验，完成晶体管转移特性曲线和输出特性曲线的测试。

（2）依次将温度控制仪调整到 25℃、75℃、125℃，分别参考 5.2 节和 5.3 节的实验，完成不同温度下转移特性曲线和输出特性曲线的测试。

（3）完成测试后，拆开连接探针台和 B1500 的连接线，关闭 B1500，取出芯片，关闭探针台，整理实验器材。

习　　题

（1）以 NMOS 为例，分析 C_{gg} 和 C_{gc} 随 V_{GS} 变化的原因。

（2）分析为何在低频下，NMOS 的 C-V 曲线两端的电容值基本相等。

（3）以某一尺寸的 NMOS 为例，根据测试结果，提取亚阈值斜率随偏压变化的曲线，并解释变化的原因。

（4）以 NMOS 为例，分析阈值电压及亚阈值摆幅随尺寸变化的趋势，并解释原因。

（5）以 NMOS 为例，根据测试结果提取饱和区跨导，并验证其随尺寸变化的趋势。

（6）以 NMOS 为例，根据测试数据，分析不同温度下晶体管的阈值电压、泄漏电流、开态电流及亚阈值摆幅的变化趋势，从器件原理上给出解释。

（7）以 NMOS 为例，不同温度下的转移特性曲线通常会相交于一点，即零温度系数点（ZTP），请从器件原理上分析 ZTP 存在的原因，以及如何提高 ZTP。

参考文献

[1] 刘恩科，朱秉升，罗晋生.半导体物理学[M]. 7 版. 北京：电子工业出版社，2008: 217.

[2] 孟庆巨，陈占国. 半导体器件物理[M]. 2 版. 北京：科学出版社，2022: 213.

[3] ZHANG J A, HU J, JIANG M, et al. An equivalent circuit model of HCI effect for short-channel N-MOSFET[J]. Microelectronics Reliability, 2022, 136: 114626.

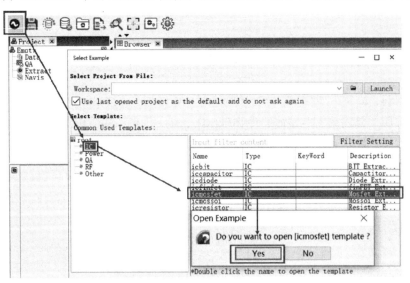

第6章

MOSFET 模型参数提取实验

由于利用半导体器件模型预测器件电性能的准确性是由模型公式和所用模型参数值的准确度决定的，因此精确提取模型参数值非常重要。随着器件尺寸不断缩小，模型参数的数量随模型复杂程度的提高而显著增多：有些参数是基于数学拟合的，没有物理意义，且其数值不唯一；有些参数具有物理意义，应尽量保持参数的物理意义不变。本章的建模实验针对平面 MOSFET，物理模型为 BSIM4.5[1]。模型中的工艺参数是与制造工艺紧密相关的具有物理意义的参数，是建模的基础，应在提参建模前确定。模型标记参数是用于选择模型中特定的计算方式的，可根据具体的器件性能和建模需求进行设置。

6.1 基本工艺参数和模型标记参数的设定

1. 提参前的准备

（1）打开 XModel，单击 XModel 图标，新建工程并保存，分别如图 6.1、图 6.2 所示。

图 6.1 新建工程

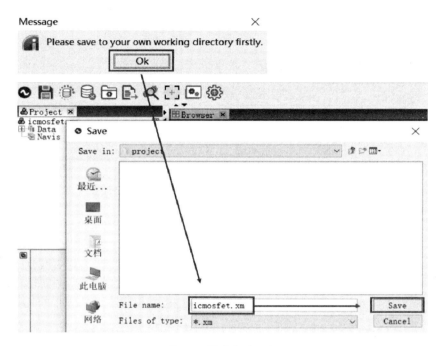

图 6.2　保存新建工程

（2）导入模型文件。单击"File"菜单下的"Load Model"选项，从"Open"窗口中选择要导入的模型文件，如图 6.3 所示。

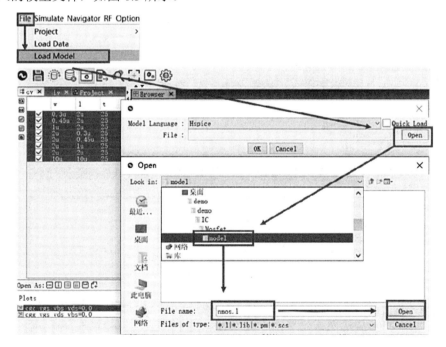

图 6.3　导入模型文件

（3）导入测试数据。单击"File"菜单下的"Load Data"选项，从"Open"窗口中选择要导入的数据，如图 6.4 所示。

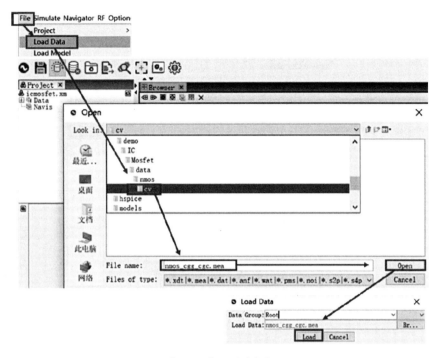

图 6.4　导入测试数据

2．参数设定流程

（1）如图 6.5 所示，根据待测器件的制造工艺信息，填写对应的工艺参数。也可以按照如图 6.6 所示的方法，单击"Open in Text Editor"选项，在"Model Eidtor"中设置工艺参数。BSIM4.5 中的工艺参数如表 6.1 所示。

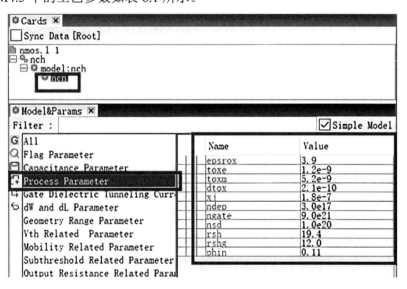

图 6.5　设定 BSIM4.5 工艺参数

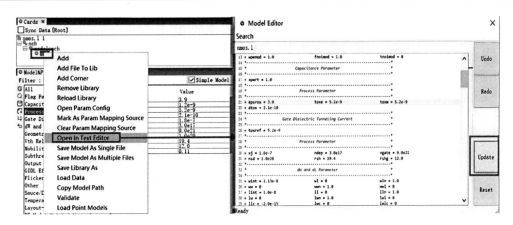

图 6.6　在"Model Editor"中设定工艺参数

表 6.1　BSIM4.5 中的工艺参数

工艺参数	物理意义
TOXE	等效栅氧化层电学厚度
TOXP	等效栅氧化层物理厚度（从 C_{gg} 中提取）
TNOM	测量温度
XJ	源极/漏极结深
RSH	源极/漏极方块电阻
XW	由掩膜/刻蚀效应引起的沟道宽度偏差
XL	由掩膜/刻蚀效应引起的沟道长度偏差
DMCG	源极/漏极接触中心与栅边缘的距离
DMCI	源极/漏极接触中心与绝缘层边缘沿沟道长度方向的距离

　　设置 BSIM4.5 的部分模型标记参数，如图 6.7 所示。也可参考前一步中设定工艺参数的方法，直接在参数表格或"Model Editor"中进行设置。BSIM 的标记参数及其物理意义如表 6.2 所示。

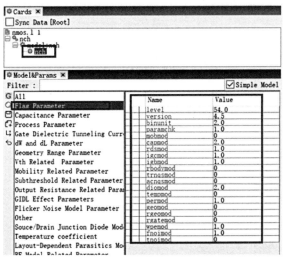

图 6.7　设置模型标记参数

表 6.2 BSIM 的标记参数及其物理意义

参数	默认值	物理意义
level	54	SPICE3 模型选择器
version	4.5	BSIM 版本选择
mobmod	0	迁移率模型。 0 和 1：BSIM3v3.2.2 的迁移率模型。 2：新的通用迁移率模型，更准确，适用于预测建模
binunit	1	1：um。 2：m
tempmod	0	温度模型。 0：使用相对值来表征温度的变化（TEMP/TNOM-1）。 1：使用绝对值来表征温度的变化（TEMP-TNOM）。 2：增强的 V_{FB}，V_{TH} 和栅极电流的温度效应
diomod	1	源极/漏极结二极管 IV 模型。 0：不考虑电阻。 1：不考虑击穿（快速收敛）。 2：考虑电阻和击穿
paramchk	1	参数值检查。 0：关闭。 1：开启
rdsmod	0	依赖偏置的源极/漏极电阻模型选择器。 0：内部的（RDSW）。 1：外部的（使用 RDW，RSW 并移除 RDSW）
fnoimod	1	闪烁噪声。 0：简化的闪烁噪声模型。 1：统一的物理闪烁噪声模型，在所有偏置区域平滑并考虑体电荷效应
tnoimod	0	热噪声。 0：基于电荷的模型，与 BSIM3v3.2 中使用的类似。 1：整体热噪声模型
permod	1	PS/PD 包括/不包括栅边缘。 0：不包括栅边缘。 1：包括栅边缘
geomod	0	依赖几何尺寸的寄生参数。 0：隔离的源极和漏极 PN 结
rgeomod	0	源极/漏极扩散电阻和接触模型。 0：不考虑源漏扩散电阻
wpemod	0	WPE 模型。 0：关闭。 1：启用
igcmod	0	栅极到沟道隧穿电流模型。 0：关闭。 1：开启（TOXE < 30A）在 I_{GC} 中使用 VTH0。 2：开启（TOXE < 30A）在 I_{GC} 中实现完整的 BSIM4 V_{TH}，能够准确预测 I_{GC} 的 V_{bs} 依赖性

续表

参数	默认值	物理意义
igbmod	0	栅极到衬底隧穿电流模型。 0：关闭（TOXE > 30A）。 1：启用（TOXE < 30A）
capmod	2	电容模型。 0/1：C_{gg} 通过 TOXE 计算。 2：C_{gg} 通过 TOXP 计算，UMC 使用 TOXP 来提取 C_{gg}
rgatemod	0	栅电阻。 0：零栅电阻。 1：常值栅电阻。 2：具有可变电阻的 IIR 模型。 3：和 2 大致相同，只是有不同的交叠电阻
rbodymod	0	衬底电阻网络。 0：关闭。 1：启用衬底网络中所有的五个电阻。 2：启用可缩放的衬底网络
trnqsmod	0	瞬态 NQS 模型
acnqsmod	0	AC 小信号 NQS 模型

（2）在中央图像显示区排图，显示测试数据和模型曲线，如图 6.8 所示。先从"Navigator"菜单中选出曲线类型，列在左侧的工程区。在工程区选择器件和图像，在模型卡区选定模型卡，在显示区选择排图模式，展示所需的图像。

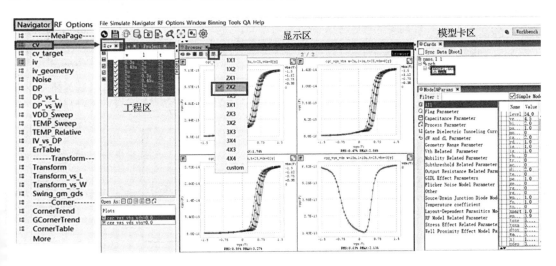

图 6.8　显示测试数据和模型曲线

（3）保存工程，以便后续调用，如图 6.9 所示。在"File"菜单中单击"Project"选项并保存工程"icmosfet.xm"，此时工程中的数据和模型卡文件都会被更新。

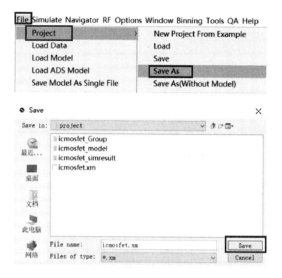

图 6.9　保存工程

6.2　MOSFET C_{gg} 特性模型参数的提取

利用 C_{gg} 的数据可提取氧化层的厚度。本次实验基于 C_{gg} 随 V_{GS} 的变化曲线，各个模型参数分别作用在不同的偏压范围内，如图 6.10 所示[1]。拟合 C_{gg}-V_{GS} 曲线，即根据实测值和模型值在不同偏压处的偏差，调整对应的模型参数，减小偏差，尽量使实测值和模型值吻合，实现相关参数的提取。

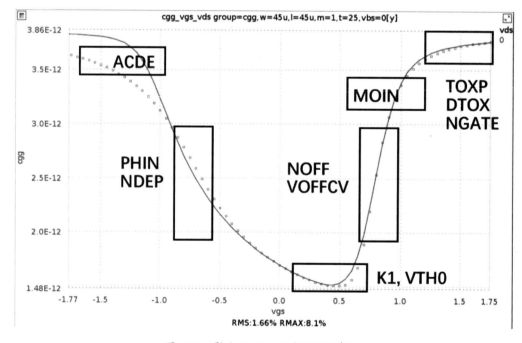

图 6.10　影响 C_{gg}-V_{GS} 曲线的模型参数

1. 提参前的准备

（1）打开 6.1 节实验中已保存的工程"icmosfet.xm"。

（2）导入 C_{gg} 相关的测试数据。

（3）在"Filter"输入框中添加需要调整的模型参数，单击"Enter"按钮或在对应的方框前打勾，将参数添加到待优化窗口内，如图 6.11 所示。若无法添加参数，则单击参数列表中左下方黑色的向上小三角打开隐藏的参数列表，添加参数。

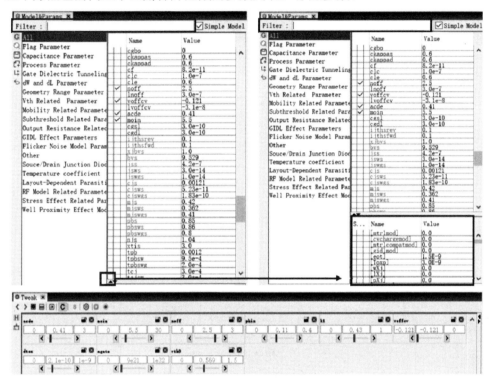

图 6.11　添加待优化的模型参数

2. 参数提取

（1）根据 C_{gg} 的实测值和模型值在不同偏压处的偏差情况，滚动鼠标或单击箭头，手动增大或减小对应的模型参数值，如图 6.12 所示。

（2）当所调整的参数值达到软件默认的边界值时，若要继续调整参数值，需扩大参数值的边界范围。如图 6.13 所示，将鼠标移至要调整的参数上，单击右键打开下拉菜单，选择"Setup"选项，在打开的"Param Setting"窗口中，选择合适的步长和边界范围。

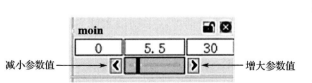

图 6.12　调整模型参数值

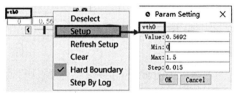

图 6.13　设置模型参数值的边界范围

（3）对比不同偏置区间的实测值和模型值，反复多次地调整图 6.10 中列出的模型参数，直至两者的偏差小于 5%。

（4）保存工程，以便后续调用。

6.3 MOSFET C_{gc} 特性模型参数的提取

C_{gc} 可用于提取交叠电容，不同几何尺寸器件的 C_{gc} 可用于提取 DLC、LLC 等参数。本次实验基于 C_{gc} 随 V_{GS} 的变化曲线（见图 6.14[1]），各个模型参数分别作用在不同的偏压范围内。拟合 C_{gc}-V_{GS} 曲线，即根据实测值和模型值在不同偏压处的偏离，调整对应的模型参数，减小偏差，尽量使实测值和模型值吻合，实现相关参数的提取。

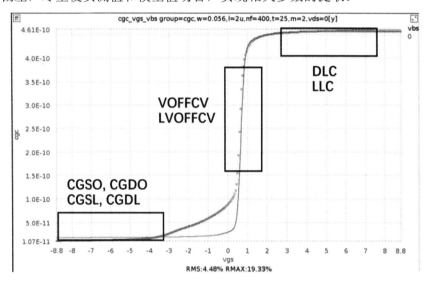

图 6.14 影响 C_{gc}-V_{GS} 曲线的模型参数

1. 提参前的准备

（1）打开 6.2 节实验中已保存的工程"icmosfet.xm"。

（2）导入 C_{gc} 相关的测试数据。

（3）在"Filter"输入框中添加需要调整的模型参数，单击"Enter"按钮或在对应的方框前打勾，将参数添加到待优化窗口内，如图 6.11 所示。若无法添加参数，则单击参数列表中左下方黑色的向上小三角打开隐藏的参数列表，添加参数。

2. 参数提取

（1）根据 C_{gc} 的实测值和模型值在不同偏压处的偏差情况，手动增大或者减小对应的模型参数值。

（2）当所调整的参数值达到软件默认的边界值时，若要继续调整参数值，则需扩大参数值的边界范围。如图 6.13 所示，将鼠标移至要调整的参数上，单击右键打开下拉菜单，选择"Setup"选项，在打开的"Param Setting"窗口中，选择合适的步长和边界范围。

3．C-V 特性的复查及回调

（1）在调整 C_{gc}-V_{GS} 曲线的同时，须观测 C_{gg}-V_{GS} 曲线是否偏离，若偏离，则应按 6.2 节的步骤调整 C_{gg}-V_{GS} 曲线。

（2）对比不同偏置区间的实测值和模型值，反复多次地调整图 6.14 中列出的模型参数，直至 C_{gg}-V_{GS} 和 C_{gc}-V_{GS} 曲线实测值和模型值的偏差分别小于 5%、10%。

（3）保存工程，以便后续调用。

6.4　MOSFET 大尺寸 Root 器件直流参数的提取

随着晶体管尺寸的缩小，晶体管的短沟道效应和窄沟道效应愈发严重[2-3]。对于大尺寸晶体管而言，短沟道效应和窄沟道效应可忽略，有效的模型参数较少，可确定与小尺寸效应无关的参数。将最大尺寸器件（通常称作 Root 器件）或者最常用的大尺寸器件作为参考器件，即提取其他小尺寸器件参数的基础，应先提取大尺寸器件的参数。

1．提参前的准备

（1）打开 6.3 节实验中已保存的工程"icmosfet.xm"。

（2）导入转移和输出特性的测试数据。

2．Root 器件线性转移特性曲线参数的提取

（1）从线性坐标下的线性转移特性曲线中提取有效迁移率、阈值电压等参数。如图 6.15 所示，先将待调整的 U0、UA、UB、UC 等参数添加到待优化窗口内。在低偏压部分优化 VTH0、K2，在高压部分调整 U0、UA、UB、UC，直至测试值和模型值吻合。

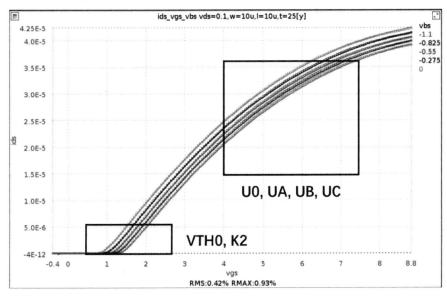

图 6.15　U0、UA、UB、UC 等迁移率相关参数的提取

（2）从对数坐标下的线性转移特性曲线中提取 VOFF 等参数。如图 6.16 所示，先将待调整的参数 VOFF、NFACTOR、CIT、MINV 添加到待优化窗口内。在低偏压部分优化 VOFF、NFACTOR、CIT，在中偏压部分调整 MINV，直至测试值和模型值吻合，实现参数提取。

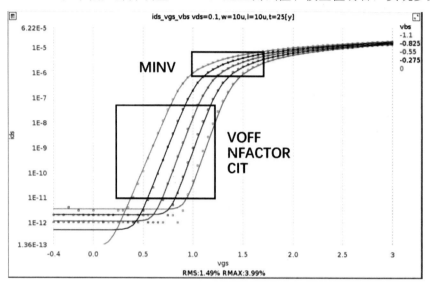

图 6.16　在对数坐标下的转移特性曲线中提取相关参数

（3）检查线性转移特性微分曲线，如图 6.17 所示，反复优化直至测试值和模型吻合。

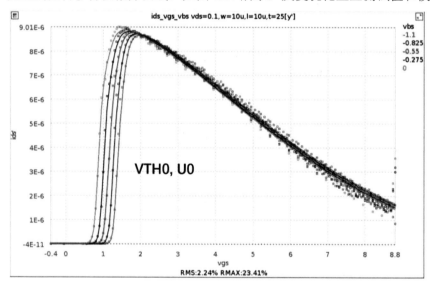

图 6.17　在线性转移特性微分曲线下提取相关参数

3．Root 器件输出特性曲线参数的提取

（1）在线性坐标下的输出特性中提取 A0 等参数。如图 6.18 所示，先将待调整的参数 A0、AGS、DELTA、KETA 添加到待优化窗口内进行优化，同时检查饱和转移特性曲线，如图 6.19 所示，直至测试值和模型值吻合。

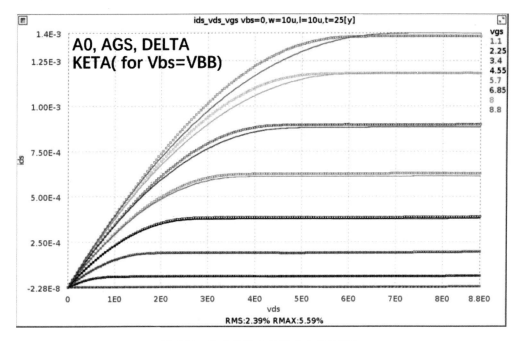

图 6.18　输出特性曲线涉及参数的提取

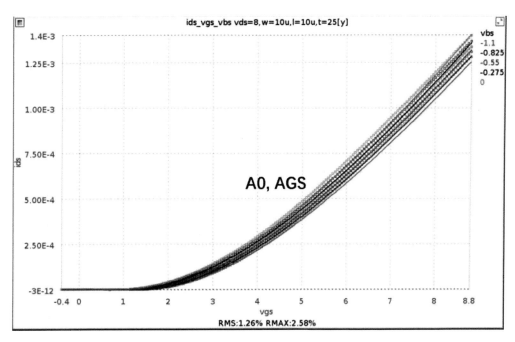

图 6.19　饱和转移特性曲线涉及参数的提取

（2）在输出特性曲线的微分曲线中提取 PDIBLC1 等参数。如图 6.20 所示，先将待调整的参数 PDIBLC1、PDIBLC2 和 PDIBLCB 添加到待优化窗口内进行优化，直至测试值和模型值吻合。

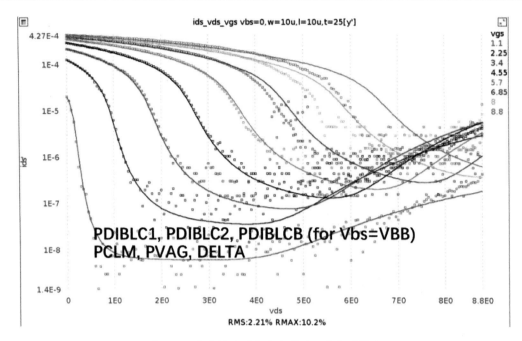

图 6.20　输出特性微分曲线所涉及参数的提取

4. Root 器件泄漏电流 I_{off} 相关参数的提取

在饱和转移特性曲线中提取泄漏电流 I_{off} 相关的参数，如 AGIDL、BGIDL 等，如图 6.21 所示。

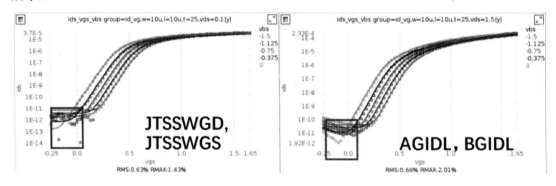

图 6.21　对数坐标饱和转移特性所涉及参数的提取

5. Root 器件衬底电流 I_{sub} 相关参数的提取

在衬底电流曲线中提取 I_{sub} 电流相关的参数，如 ALPHA1、BETA0，如图 6.22 所示。

6. Root 器件的 I-V 特性复查及回调

（1）反复按步骤 2～5 进行优化，直至上述转移特性和输出特性曲线的测试值和模型值之间的误差小于 5%。

（2）在调整本实验转移特性和输出特性曲线的同时，若发现 6.2 节和 6.3 节实验中的 C_{gg}-V_{GS} 和 C_{gc}-V_{GS} 曲线出现偏离，则按照对应的方法进行调整和优化，直至本实验之前所有曲线的模型值和测试值之间的误差均在 10%以内。

（3）保存工程，以便后续调用。

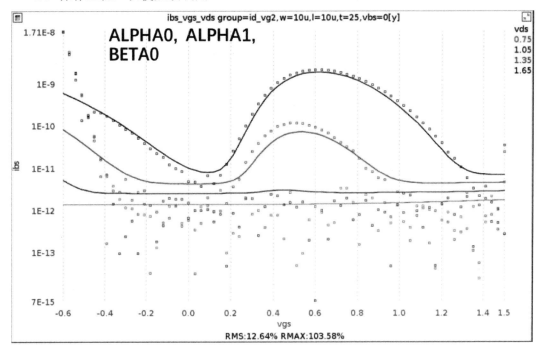

图 6.22　衬底电流曲线所涉及参数的提取

6.5　MOSFET 短沟道效应参数的提取

晶体管的特性与几何尺寸和偏置电压紧密相关，需要在不同偏置条件下，通过测量几何尺寸不同的器件的电性能来提取与尺寸相关的参数。随着晶体管沟道长度的不断缩短，晶体管短沟道效应愈发严重。在 BSIM 中，采用一些模型参数来表征晶体管阈值电压等关键参数的短沟道效应[1,4]。晶体管沟道宽度固定为最大值 W_{max} 时，具有不同沟道长度的一系列器件被称为 Larray 器件。本实验基于 Larray 器件的转移特性和输出特性的实测数据，提取模型中描述短沟道效应的参数。

1．提参前的准备

（1）打开 6.4 的实验中已保存的工程"icmosfet.xm"。

（2）导入不同沟道长度晶体管的转移特性和输出特性的测量数据以及 DP 数据，并根据常用 Target 数据的定义设置 Target 的计算方法。单击"Window"工具栏，选择"Config"窗口，设置 Target 的偏置条件，如图 6.23 所示。常用 Target 数据的定义如表 6.3 所示。

图 6.23　设置 Target 的偏置条件

表 6.3　常用 Target 数据的定义

Target	简介	定义
V_{Tgm}	通过最大跨导法提取的阈值电压	在线性转移特性曲线中寻找斜率最大的点。过该点做曲线的切线，与 x 轴的交点对应的 V_{GS} 为 x-intercept，有 $V_{Tgm}=$|x-intercept|- |V_{dlin}|/2
V_{Tlin}	通过恒定电流法提取的线性区阈值电压	对恒定电流进行尺寸的归一化：I_{DS}=1e-7A×W/L。在线性转移曲线中，该电流值对应的 V_{GS} 为 V_{Tlin}
V_{Tsat}	通过恒定电流法提取的饱和区阈值电压	对恒定电流进行尺寸的归一化：I_{DS}=1e-7A×W/L。在饱和转移曲线中，该电流值对应的 V_{GS} 为 V_{Tsat}
I_{Dlin}	线性区电流	在线性转移曲线中，$V_{GS}=V_{DD}$ 时对应的 I_{DS} 为 I_{Dlin}
I_{Dsat}	饱和区电流	在饱和转移曲线中，$V_{GS}=V_{DD}$ 时对应的 I_{DS} 为 I_{Dsat}
I_{off_vdd}	V_{DS} 为电源电压时的漏极电流	$V_{DS}=V_{DD}$、V_{GS}=0 时对应的 I_{DS} 为 I_{off_vdd}
I_{off}	V_{DS} 为 1.1 倍电源电压时的漏极电流	$V_{DS}=1.1V_{DD}$、V_{GS}=0 时对应的 I_{DS} 为 I_{off}
g_m	跨导	$V_{DS}=0.5V_{DD}$ 时，令 $V_{ggds}=V_{Tgm}$+0.2。取 V_{ggds} 附近的两个 V_{GS}：$V_{GS1}=V_{ggds}$−0.025，$V_{GS2}=V_{ggds}$+0.025。对应的 I_{DS} 分别为 I_{DS1} 和 I_{DS2}，$g_m=(I_{DS2}-I_{DS1})/(V_{GS2}-V_{GS1})$
g_{DS}	输出电导	$V_{GS}=V_{Tgm}$+0.2 时，取两个 V_{DS}：$V_{DS1}=0.5V_{DD}$−0.025，$V_{DS2}=0.5V_{DD}$+0.025。对应的 I_{DS} 分别为 I_{DS1} 和 I_{DS2}，则 $g_{DS}=(I_{DS2}-I_{DS1})/(V_{DS2}-V_{DS1})$
R_{out}	输出电阻	$R_{out}=1/g_{DS}$
Body_lin	线性区的背偏效应	令 $V_{BS}=V_{BB}$ 时得到的 V_{Tlin} 为 V_{Tlin1}，V_{BS}=0 时得到的 V_{Tlin} 为 V_{Tlin2}，则 Body_lin=$(V_{Tlin1}-V_{Tlin2})$×1000
Body_sat	饱和区的背偏效应	令 $V_{BS}=V_{BB}$ 时得到的 V_{Tsat} 为 V_{Tsat1}，V_{BS}=0 时得到的 V_{Tsat} 为 V_{Tsat2}，则 Body_sat=$(V_{Tsat1}-V_{Tsat2})$×1000

2. Larray 器件 V_{Tlin} 的提取

将 DVT0、DVT1 和 LPE0 添加到待优化窗口，在 V_{Tlin} 随沟道长度变化的曲线中，拟合并提取 DVT0、DVT1 和 LPE0，如图 6.24 所示。基于不同衬底偏压下的线性阈值电压随沟道长度变化的数据可以提取 DVT2、LPEB。

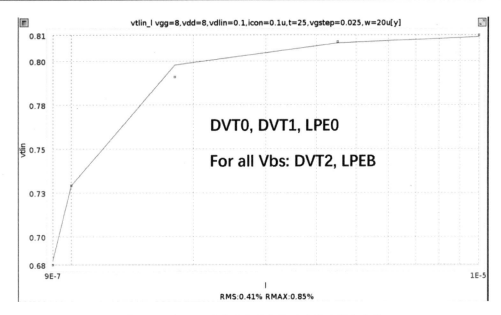

图 6.24　在 V_{Tlin} 随沟道长度变化的曲线中提取参数

3．Larray 器件转移特性曲线参数的提取

（1）在不同衬底偏压下不同沟道长度晶体管的转移特性曲线中，针对线性区部分，优化并提取 LINT、LL、RDSW、PRWG、PRWB 等参数，如图 6.25 所示。

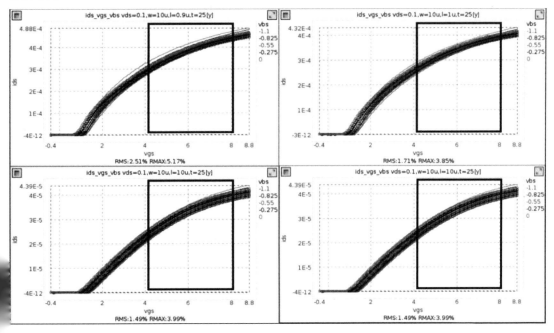

图 6.25　提取 LINT、LL、RDSW、PRWG、PRWB 等参数

（2）在不同衬底偏压下不同沟道长度晶体管的转移特性曲线中，在亚阈值区，优化并提取 CDSC、CDSCB、VOFFL 等参数，如图 6.26 所示。

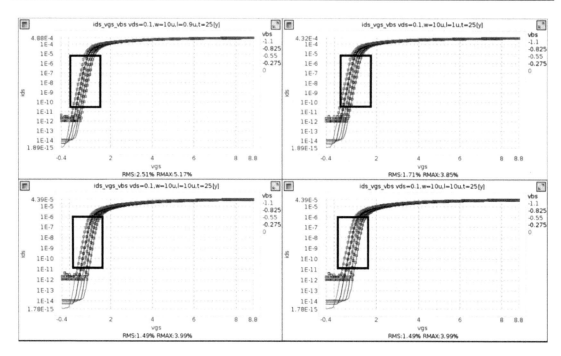

图 6.26　提取 CDSC、CDSCB、VOFFL 等参数

4．Larray 器件 V_{Tsat} 的提取

在不同衬底偏压下饱和区阈值电压 V_{Tsat} 随沟道长度变化的曲线中，优化并提取 DSUB、ETA0、ETAB，如图 6.27 所示。

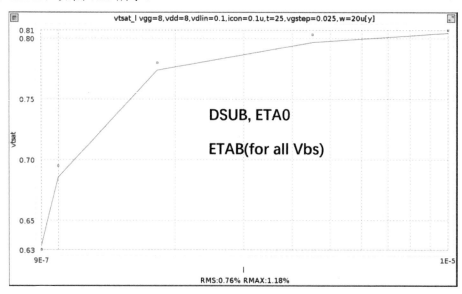

图 6.27　在 V_{Tsat} 随沟道长度变化的曲线中提取参数

5．Larray 器件输出特性曲线参数的提取

（1）在不同衬底偏压下，从不同沟道长度晶体管的输出特性曲线中，提取 A0、AGS、

VSAT、A1、A2、PSCBE1、PSCBE2，如图 6.28 所示。

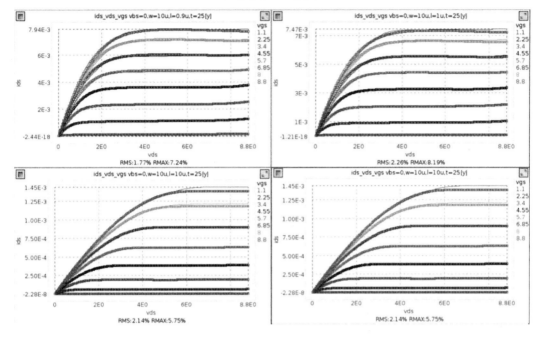

图 6.28　提取 A0、AGS、VSAT、A1、A2、PSCBE1、PSCBE2等参数

（2）在不同衬底偏压下，从不同沟道长度晶体管的输出特性曲线的微分曲线中，优化并提取 PCLM、PVAG、PDIBLC1、PDIBLC2、FPROUT、PDITS、PDITSL、PDITSD，如图 6.29 所示。

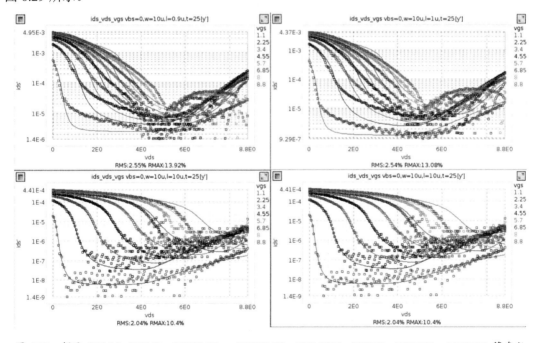

图 6.29　提取 PCLM、PVAG、PDIBLC1、　PDIBLC2、FPROUT、PDITS、PDITSL、PDITSD 等参数

6．Larray 器件 *I-V* 特性的复查及回调

（1）反复按步骤 2～5 进行优化，直至上述四条曲线测试值和模型值的误差小于 10%。

（2）在调整本实验转移特性和输出特性曲线的同时，若发现 6.2 节～6.4 节实验中的 *C-V* 曲线和 *I-V* 曲线出现偏离，则应按照对应的方法进行调整优化，直至本实验之前所有曲线的模型值和测试值的误差均在 10%以内。

（3）保存工程，以便后续调用。

6.6　MOSFET 窄沟道效应参数的提取

晶体管的特性与几何尺寸、偏置电压相关，需要在不同的偏置条件下，通过测量不同几何尺寸器件的电性能来提取与尺寸相关的参数。随着晶体管沟道宽度的不断缩减，窄沟道效应愈发严重。在 BSIM 中，采用一些模型参数来表征晶体管阈值电压等关键参数的窄沟道效应。晶体管沟道长度固定为最大值 L_{max} 时，具有不同沟道宽度的一系列器件被称为 Warray 器件。本实验即基于 Warray 器件测试转移特性和输出特性，提取模型中描述窄沟道效应的相关参数。

1．提参前的准备

（1）打开 6.5 节实验中已保存的工程"icmosfet.xm"。

（2）导入不同沟道宽度晶体管的转移特性和输出特性的测试数据。

（3）根据晶体管转移特性曲线，分别提取不同沟道宽度晶体管的跨导 g_m。

2．Warray 器件 V_{Tlin} 的提取

在 V_{Tlin} 随沟道宽度变化的曲线中，将 K3、W0、K3B 添加到待优化窗口，拟合并提取 K3、W0、K3B，如图 6.30 所示。

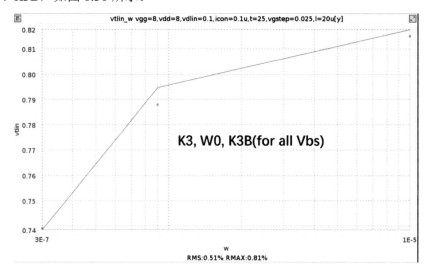

图 6.30　在 V_{Tlin} 随沟道宽度变化的曲线中提取参数 K3、W0、K3B

3．Warray 器件转移特性曲线参数的提取

在不同衬底偏压下，从不同沟道宽度晶体管转移特性曲线的线性区部分，优化并提取参数 Wint、WW、DWG、DWB，如图 6.31 所示。

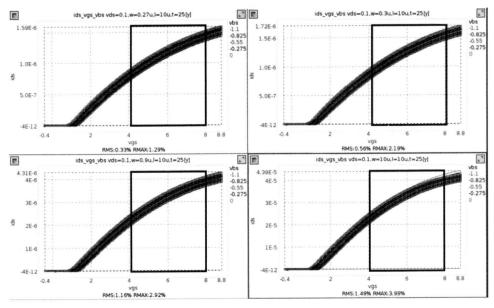

图 6.31　提取参数 WINT、WW、DWG、DWB

4．Warray 器件输出特性曲线参数的提取

在不同衬底偏压下，从不同沟道宽度晶体管的输出特性曲线上，提取参数 B0、B1，如图 6.32 所示。

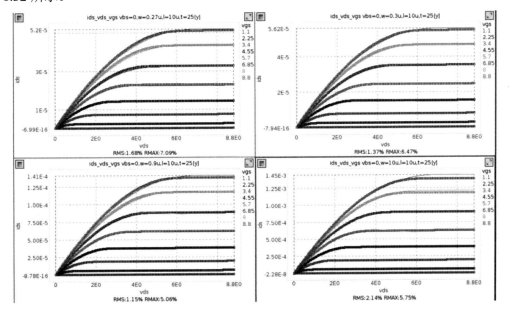

图 6.32　提取参数 B0、B1

5. Warray 器件 *I-V* 特性的复查及回调

（1）反复按步骤 2～4 进行优化，直至上述曲线测试值和模型值的误差小于 10%。

（2）在调整本实验转移特性和输出特性曲线的同时，若发现 6.2～6.5 节实验中的 *C-V* 曲线和 *I-V* 曲线出现偏离，则应按照对应的方法进行调整和优化，直至本实验之前所有曲线的模型值和测试值的误差均在 10% 以内。

（3）保存工程，以便后续调用。

6.7　MOSFET 窄短沟道效应参数的提取

晶体管的特性与几何尺寸和偏置电压相关，需要在不同的偏置条件下，通过测量不同几何尺寸器件的电性能来提取与尺寸相关的参数。随着晶体管沟道长度和宽度的不断缩减，短沟道效应和窄沟道效应愈发严重。在 BSIM 中，采用一些模型参数来表征晶体管阈值电压等关键参数的短、窄沟道效应。通常将晶体管沟道长度固定为最小值 L_{min} 时具有不同沟道宽度的器件，以及晶体管沟道宽度固定为最小值 W_{min} 时具有不同沟道长度的器件，称为 Parray 器件。基于上述两种 Parray 器件，优化并提取模型中的相应参数。

1. 提参前的准备

（1）打开 6.6 节实验中已保存的工程"icmosfet.xm"。

（2）导入具有最小沟道长度，不同沟道宽度晶体管的转移特性和输出特性的测试数据。

（3）根据转移特性曲线，分别提取不同沟道宽度晶体管的跨导 g_m。

2. Parray 器件 V_{Tlin} 的提取

在 V_{Tlin} 随沟道宽度变化的曲线中，将 DVT0W、DVT1W、DVT2W 添加到待优化窗口内，拟合并提取 DVT0W、DVT1W、DVT2W，如图 6.33 所示。

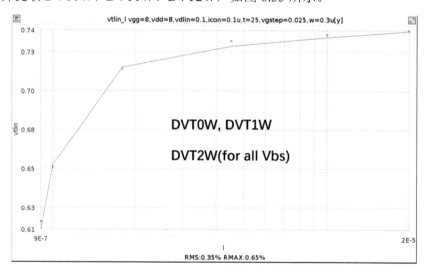

图 6.33　提取参数 DVT0W、DVT1W、DVT2W

3．Parray 器件转移特性曲线参数的提取

（1）在不同衬底偏压下，从不同沟道宽度晶体管的转移特性曲线的线性区部分，优化并提取 LW、WL、WWL、LWL，如图 6.34 所示。

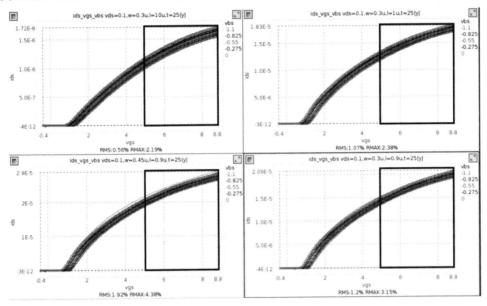

图 6.34　提取参数 LW、WL、WWL、LWL

（2）在不同衬底偏压下，从不同沟道宽度晶体管的转移特性曲线的饱和区部分，优化并提取 PA0、PAGS、PVSAT、PPCLM、PPDIBLC1、PPDIBLC2，如图 6.35 所示。

（3）保存工程，以便后续调用。

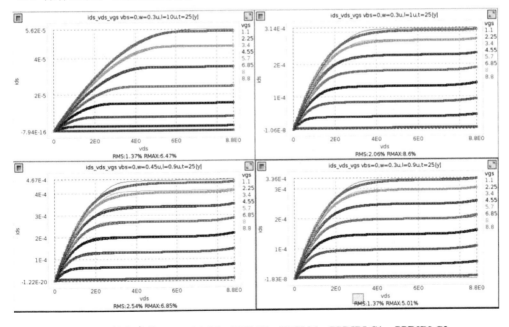

图 6.35　提取参数 PA0、PAGS、PVSAT、PPCLM、PPDIBLC1、PPDIBLC2

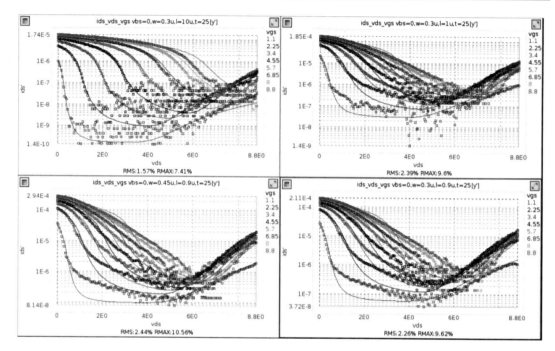

图 6.35　提取参数 PA0、PAGS、PVSAT、PPCLM、PPDIBLC1、PPDIBLC2（续）

6.8　MOSFET 泄漏电流 I_{off} 模型参数的提取

晶体管的泄漏电流 I_{off} 是在栅压为零时的漏极电流，是判断晶体管性能优劣的重要指标之一。I_{off} 受诸多因素的影响，如栅压、沟道尺寸、沟道掺杂、源极/漏极结深、栅氧化层厚度和漏极电压等。在大尺寸器件中，I_{off} 以源极/漏极二极管的反向电流为主；在小尺寸器件中，I_{off} 以栅致漏势垒降低电流 I_{GIDL}、亚阈值电流为主，也会有栅极泄漏电流 I_G。本实验基于不同尺寸晶体管的饱和转移特性曲线，利用 I_{DS} 随 V_{GS} 变化的曲线，调整相应的模型参数，使实测值和模型值吻合，实现 I_{off} 模型关键参数的提取。

1. 提参前的准备

（1）打开 6.7 节实验中已保存的工程"icmosfet.xm"。

（2）导入不同晶体管尺寸下，Larray、Warray、Parray 器件饱和转移特性的测试数据。

2. BSIM 泄漏电流 I_{off} 参数的提取

（1）在对数坐标下的饱和转移特性曲线中提取 I_{off} 模型参数。根据在 $V_{GS}<0$ 时实测数据的电流形态，导入待调整的模型参数 AGIDL、BGIDL、JTSSWGD、JTSSWGS，如图 6.36 所示。调整参数，直至模型仿真曲线和测试数据拟合，误差减小。

（2）保存工程，以便后续调用。

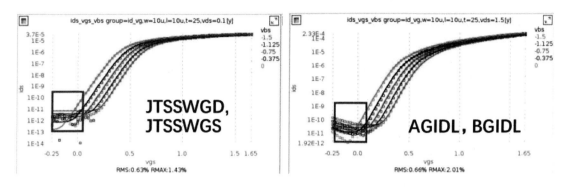

图 6.36　在对数坐标下饱和转移特性曲线涉及参数的提取

6.9　MOSFET 衬底电流 I_{sub} 模型参数的提取

晶体管的衬底电流 I_{sub}（I_b）是从衬底端口测量的电流，由源极/漏极结电流和栅极至衬底的隧穿电流、碰撞电离导致的电流 I_{ii} 和栅致漏势垒降低电流 I_{GIDL} 组成[5-6]。在栅极电压大于 0 时，以 I_{ii} 为主。本实验基于衬底电流 I_{sub} 的实测数据曲线，提取衬底电流模型中的相关参数。

1．提参前的准备

（1）打开 6.8 节实验中已保存的工程"icmosfet.xm"。

（2）导入不同晶体管尺寸下，Larray、Warray、Parray 器件衬底电流的测试数据。

2．BSIM 衬底电流 I_{sub} 参数的提取

（1）在衬底电流特性曲线中提取相关参数。导入待调整的模型参数 ALPHA0、ALPHA1、BETA0，如图 6.37 所示。调整参数，直至模型仿真曲线和测试数据拟合，使误差小于 10%。

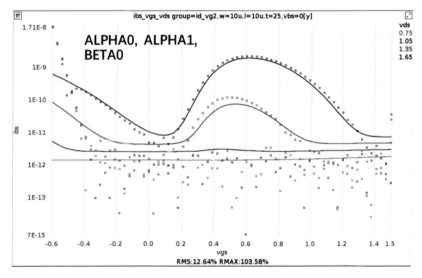

图 6.37　衬底电流特性曲线涉及参数的提取

（2）保存工程，以便后续调用。

6.10　MOSFET 温度效应参数的提取

在 6.1 节～6.9 节实验中建立了常温（25℃）的晶体管模型，本实验建立温度效应模型，可表征在不同环境温度下晶体管的电性能。BSIM4 采用了简单的温度建模方法，先在常温 TNOM 下进行提参建模，随后引入与温度相关的参数，如阈值电压（KT1、KT2）、迁移率（UTE、UA1、UB1、UC1）、饱和载流子速度（AT）等与温度相关的参数，根据不同工作温度下的实际测试数据进行提取，建立温度效应模型。本实验利用上述原理，基于在高温（125℃）和低温（–40℃）下晶体管实际测试的转移特性和输出特性曲线，提取模型中描述温度效应的相关参数。

1．提参前的准备

（1）新建工程，加载已经保存的 25℃常温模型。
（2）导入不同温度下晶体管的转移特性和输出特性测试数据和 DP 数据。
（3）在 Navigator 中打开温度特性曲线。

2．温度效应的参数提取

（1）根据晶体管特性曲线，分别提取在不同温度下晶体管的阈值电压、电流，将参数 TVOFF、KT1 添加到待优化窗口内，对 V_{TH} 随温度变化的曲线进行拟合并提取参数，如图 6.38 所示。

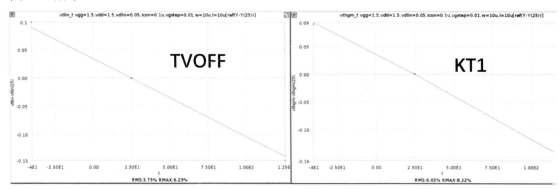

图 6.38　提取参数 TVOFF、KT

（2）将 UTE、UA1、UB1、AT 添加到待优化窗口内，对 I_{DS} 随温度变化的曲线进行拟合并提取参数，如图 6.39 所示。

（3）将 KT2、UC1 添加到待优化窗口内，对不同温度下考虑背偏电压的转移特性曲线进行拟合并提取参数，如图 6.40 所示。在对 I_{DS} 拟合的过程中，需结合高、低温转移特性曲线的低压和高压部分同时进行拟合。

（4）保存工程，以便后续调用。

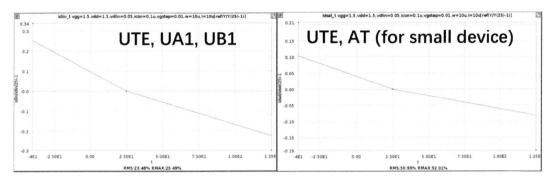

图 6.39　提取迁移率参数

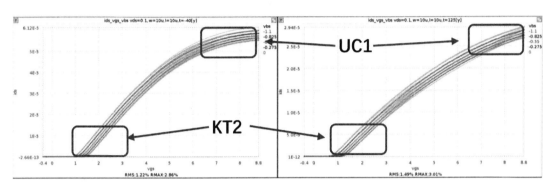

图 6.40　提取参数 KT2、UC1

6.11　MOSFET 版图邻近效应参数的提取

由于晶体管的尺寸不断缩小，晶体管的电性能愈发受到相邻版图布局的影响。这类性能波动被称为版图邻近效应。本实验涉及两个版图邻近效应：有源区应力模型 LOD 和阱邻近效应模型 WPE。V_{TH}、I_{DS} 会随着栅区至有源区两边距离 SA、SB 的改变而变化，基于此测试数据曲线，提取应力模型的相关参数，建立 LOD 模型，如图 6.41 所示。V_{TH}、I_{DS} 还会随晶体管距离阱区边缘距离 SCA、SCB、SCC 的改变而变化，基于此测试数据曲线，提取描述 WPE 的相关模型参数，建立 WPE 模型，如图 6.42 所示。

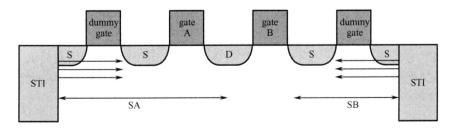

图 6.41　LOD 模型示意图

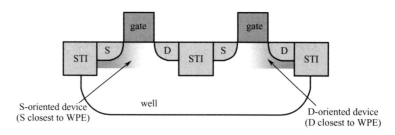

图 6.42　WPE 模型示意图

1. 提参前的准备

（1）打开 6.9 节实验中已保存的工程"icmosfet.xm"。

（2）导入与 LOD 相关的 DP 测试数据。

2. LOD 数据处理及参数提取

（1）设置 LOD 图像，单击"Windows"工具栏，选择"Config"窗口，在"Config"标签页面中选择"Navis"→"LODSweep"，根据测试数据对 V_{TH} 和 I_{DS} 曲线进行设置，如图 6.43 所示。

图 6.43　LOD 图像的设置

（2）打开配置好的 LOD 图像，单击"Navigator"菜单下的"LODSweep"选项。在左侧工程区"LODSweep"标签页中选择相应的 V_{TH}、I_{DS} 曲线，如图 6.44 所示。

（3）添加相关参数 KU0、KVSAT、KVTH0、STK2、STETA0，利用对应的 DP 数据曲线，调节阈值电压、迁移率、饱和载流子速度等物理参数，实现模型参数的提取，如图 6.45 所示。

3. WPE 数据处理及参数的提取

（1）WPE 参数的提取与 LOD 参数的提取类似。在配置 WPE 图像时，根据测试数据对 V_{TH} 和 I_{DS} 曲线进行设置，如图 6.46 所示。

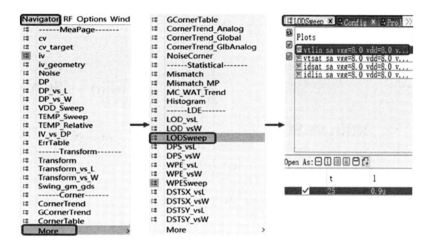

图 6.44 加载 LOD 模型曲线

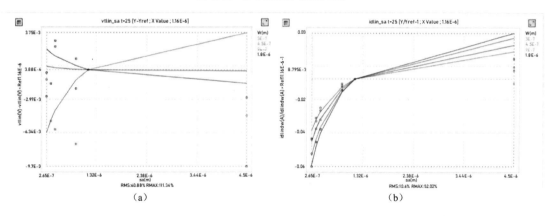

图 6.45 LOD 模型参数的提取

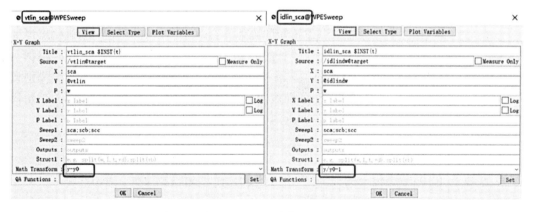

图 6.46 WPE 图像的设置

（2）添加相关参数 KU0WE、KVTH0WE、K2WE，利用对应的 DP 数据曲线，调节阈值电压、迁移率等物理参数，实现模型参数的提取，如图 6.47。

（3）保存工程，以便后续调用。

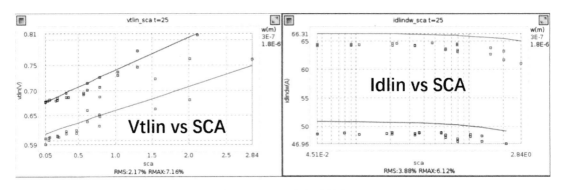

图 6.47　WPE 参数的提取

6.12　MOSFET Corner 模型的建立及参数提取

在 6.1 节～6.9 节实验中建立了典型工艺下 MOSFET 的常温模型，由于实际的芯片性能会受工艺波动的影响而呈现统计分布，因此必须建立表征工艺波动的晶体管统计特性模型。芯片性能的波动可分为芯片之间和芯片内的波动，即全局波动和局部波动。本实验讨论全局波动模型，局部波动模型会在 6.13 节中进行讨论。全局波动主要是由不同批次、不同晶圆以及不同芯片之间的工艺变化引起的。以 CMOS 工艺为例，可以用 NMOS 和 PMOS 对管作为表征工艺波动的最小单元。如图 6.48 所示，用一个矩形框表征对管的速度波动范围，矩形框的四个顶角被称为 CMOS 工艺角，分别为 FF（Fast NMOS Fast PMOS）、SS（Slow NMOS Slow PMOS）、FS（Fast NMOS Slow PMOS）、SF（Slow NMOS Fast PMOS），矩形框中央的 TT（Typical NMOS Typical PMOS）是速度性能中值，即最典型的速度。通常认为，在工艺参数中栅氧化层厚度较薄、沟道较短的晶体管会落在快角 FF 附近，栅氧化层厚度较厚、沟道较长的晶体管会落在慢角 SS 附近。本实验根据实际给定的工艺波动和测量的电性能波动范围，将常温模型设为 TT，在分别对四个工艺角提取模型参数后，建立工艺角模型来表征 CMOS 工艺中晶体管的全局波动特征。

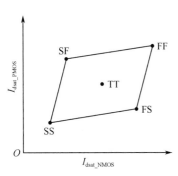

图 6.48　CMOS 工艺角示意图

1. 生成工艺角模型文件

（1）基于 6.10 节实验中的 25℃常温模型新建工艺角模型文件。单击 "File" 菜单下 "Generate Corner Library" 选项，从 "Generate Corner" 窗口中选择要导入的.config 配置文件和.template 模板文件，在模型卡窗口中，右击 "Add" 添加 25℃常温模型文件，如图 6.49 所示。

（2）根据给定的工艺参数波动范围，在参数列表中对 FF、SS、FS、SF 配置相应的工艺参数和模型参数类型（dtox、dxl、dxw、dvth0、du0、dvsat、dags、deta0、cj 等），如图 6.50 所示，或打开.config 文件，通过编辑文件来配置工艺角参数。

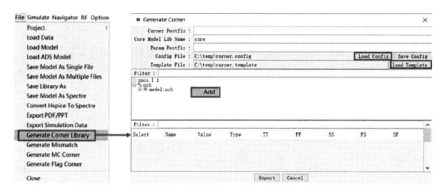

图 6.49　基于 25℃常温模型新建工艺角模型文件

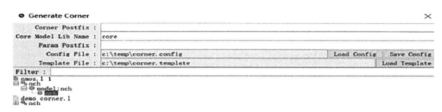

图 6.50　设置工艺角模型的工艺参数和模型参数类型

（3）单击"Export"按钮导出工艺角模型文件，如图 6.51 所示。

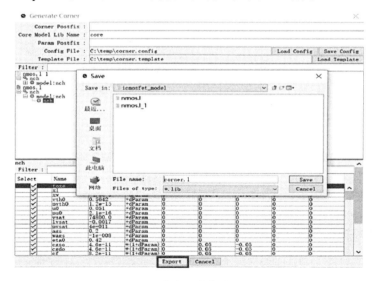

图 6.51　导出工艺角模型文件

2. 提参前的准备

（1）单击"File"菜单选择"Load Model"选项加载上述新建的工艺角模型文件，在弹出的窗口中选择所有的工艺角参数 TT、FF、SS、FS、SF，导入新建的工艺角模型，如图 6.52 所示。

（2）导入工艺角的测试数据，选择"Navigator"菜单中的"Corner Trend"选项，打开相关的工艺角曲线，如图 6.52 所示。

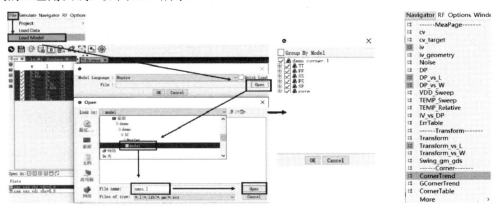

图 6.52　导入新建的工艺角模型并选择工艺角曲线

3. FF、SS 模型的提参

在模型卡 Cards 窗口中分别选择 FF、SS 模型，选择 dvth0、deta 等与阈值电压相关的参数对 V_{Tlin} 和 V_{Tsat} 进行拟合，选择 du0、dags、dvsat 等与电流相关的参数对 I_{Dlin} 和 I_{Dsat} 进行拟合，如图 6.53 所示，以完成 FF、SS 模型的参数提取。工艺类、电容参数根据给定的实际测试值设置，不需要拟合（dtoxe、dxl、dxw、cj、cg）。

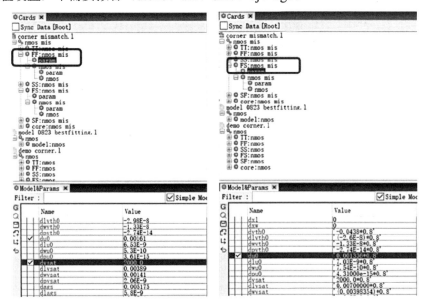

图 6.53　在模型卡 Cards 窗口中选择相关参数进行拟合

4. FS、SF 模型的提参

在模型卡窗口中分别选择 FS、SF 模型后，添加模型参数进行提参建模，如图 6.54 所示。先设置 FS、SF 给定工艺参数和模型参数的初始值，一般 FS、SF 模型参数的初始值可分别设置为 FF、SS 工艺角的 70%~80%，例如，FS 模型参数的 dvth0 初始值可以设置为 0.8dvth0（此处 dvth0 是 FF 工艺角）。设定初始值后，利用相关参数对 FS、SF 的实际测试数据 V_{Tlin}、V_{Tsat}、I_{Dlin} 和 I_{Dsat} 进行拟合，误差要求小于 10%。

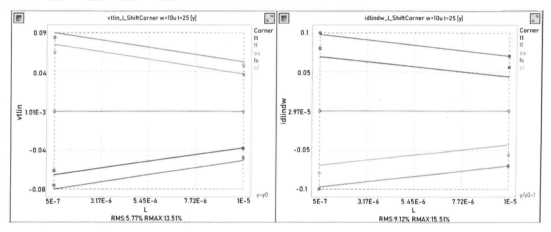

图 6.54　工艺角模型实例

最后，保存调整后的工艺角模型和工程文件。

6.13　MOSFET Mismatch 模型建立及参数的提取

全局波动模型在 6.12 节中已讨论，本节分析局部波动模型。局部波动是同一芯片内部晶体管之间工艺参数的变化。随着工艺尺寸的不断缩小，局部波动的影响越来越重要。本实验根据晶体管失配性能的测试数据提取失配模型参数，建立局部失配模型来表征晶体管的局部波动统计特性。将完全相同的两个晶体管对称放置后，测试这对晶体管的阈值电压、电流的差值，对不同尺寸的对管进行上述测试获得统计分布数据。基于电性能测试值的标准差 σ 与 $1/\sqrt{WL}$ 的变化曲线，提取局部失配模型的参数，如图 6.55 所示。其中，阈值电压的标准差 σ_{vth} 为对管阈值电压的差值，即 $V_{TH1}-V_{TH2}$，I_{DS} 电流的标准差 σ_{idlin} 为 $\dfrac{2(I_{D1}-I_{D2})}{I_{D1}+I_{D2}}$。

1. 失配模型文件的生成

基于 6.12 节实验中的工艺角模型新建局部失配角模型模板。单击"File"菜单下的"Generate Mismatch"选项，从"Generate Mismatch"窗口中选择要导入的.config 配置文件。在模型卡窗口中，右击"Add"选项添加工艺角模型文件，单击"Export"按钮导出新建模型文件并保存，如图 6.56 所示。

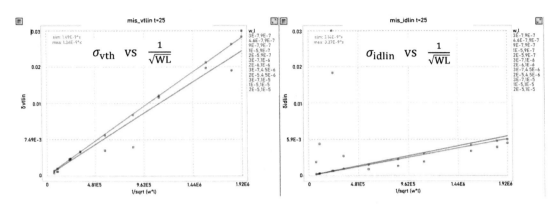

图 6.55　提取局部失配模型的参数

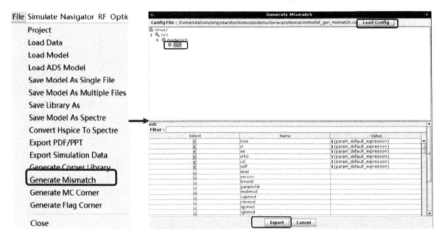

图 6.56　生成失配模型文件

2．提参前的准备

（1）加载新建的失配模型文件，导入失配测试数据。

（2）配置失配模型曲线，选择"Navigator"菜单中的"Mismatch"选项打开失配模型相关曲线，如图 6.57 所示。

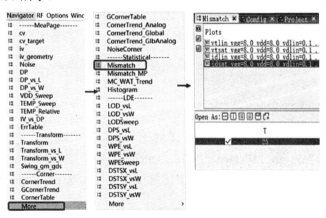

图 6.57　配置失配模型曲线

3．Mismatch 模型提参

添加与失配性能相关的模型参数，基于测试的标准差数据和晶体管面积平方根曲线调整参数，使模型仿真值与测试值曲线的斜率吻合，减小偏差，提取失配参数。

6.14　MOSFET 模型报告及检查

为保证电路仿真的收敛性和准确性，需要对模型进行质量检查（QA）。质量检查包括模型参数的检查、仿真错误的检查和仿真曲线的检查（突变、交叉、单调性，见图 6.58）。利用 XModel 模型质量检查工具，设置相关的检查项，可进行仿真曲线的自动检查，以确保模型可用于电路仿真。

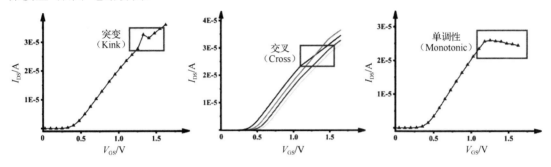

图 6.58　仿真曲线的检查

1．QA 工程的创建

（1）新建 QA 工程模板。单击 XModel 图标，新建模板，选择"QA"模板后，双击设置界面中的"Model QA"打开模板，并将新建的 QA 工程模板另存至指定路径，如图 6.59 所示。

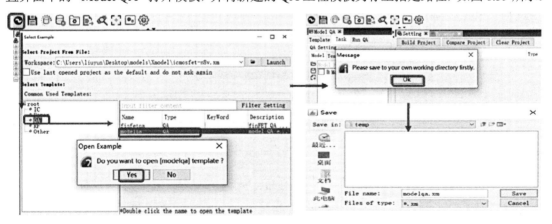

图 6.59　新建 QA 工程模板

（2）在"Model QA"界面中加载工艺角模型文件。在"Task"标签页中单击"Model"标签页快捷键后，选择工艺角模型文件，在"QA Variable Setting"对话框中设置质量检查的仿真条件并保存，确认"Setting"中模型的所有字段信息正确，如图 6.60 所示。

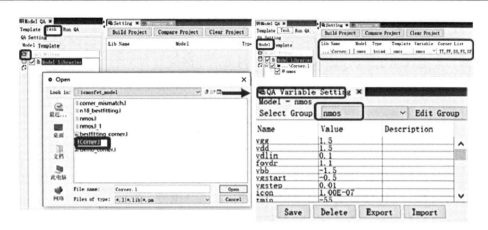

图 6.60　选择进行质量检查的模型文件并设置仿真条件

（3）配置仿真条件后，单击"Build Project"选项建立 QA 工程，此时模型变成蓝色，如图 6.61 所示。

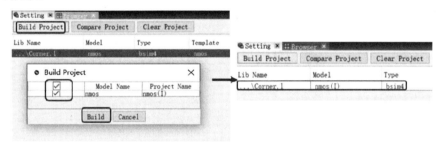

图 6.61　建立 QA 工程

2. QA 项目的选择与运行

在"Model QA"界面中进入"Run QA"标签页，勾选需要进行质量检查的项目，单击"Run"按钮自动进行质量检查，如图 6.62 所示。完成检查后，可选择相应的器件查看结果，如图 6.63 所示。

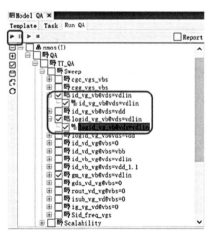

图 6.62　选择质量检查项并运行检查

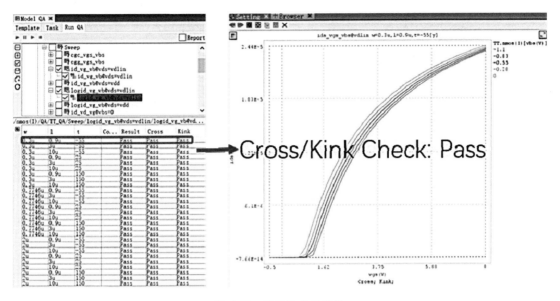

图 6.63　质量检查的结果

3．QA 结果检查与模型参数回调

步骤 2　如有错误，可在"Windows"菜单中选择"Card""Model&Params""Tweak"选项，打开这些窗口并调节相关的模型参数，如图 6.64 所示，再次进行检查，直至获得合理的检查结果。

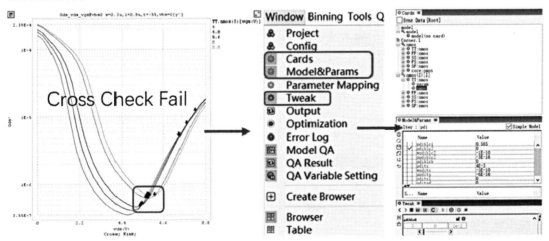

图 6.64　根据检查结果调整模型参数

4．模型质量检查报告的导出

导出模型质量检查报告，在"Model QA"界面中进入"Run QA"标签页，勾选"Report"选项，在弹出的窗口中设置路径并导出报告，如图 6.65 所示。

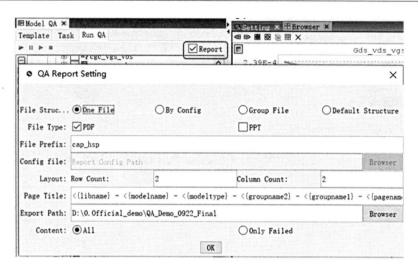

图 6.65 导出模型质量检查报告

习   题

（1）固定其他参数，增大参数 K1，C_{gg}-V_{GS} 曲线将如何改变？请解释上述变化的原因。

（2）固定其他参数，增大参数 VOFFCV，C_{gc}-V_{GS} 曲线将如何改变？请解释上述变化的原因。

（3）固定其他参数，增大参数 U0，转移特性曲线将如何改变？请解释上述变化的原因。

（4）固定其他参数，分别增大参数 DVT0 和 VSAT，转移特性和输出特性曲线将如何改变？请解释上述变化的原因。

（5）固定其他参数，分别增大参数 JTSSWGD 和 JTSSWGS，转移特性曲线将如何改变？请解释上述变化的原因。

（6）固定其他参数，分别增大参数 KT1 和 UTE，转移特性和输出特性曲线将如何改变？请解释上述变化的原因。

（7）阈值电压、漏源电流随距离阱边缘距离 SCA 的变化趋势是怎样的？请解释该趋势的原因。

（8）随着沟道长度和沟道宽度的减小，晶体管的各个工艺角呈现怎样的变化趋势？请解释上述变化的原因。

（9）请简述工艺角模型和失配模型的异同。

（10）随着沟道长度和沟道宽度的缩减，晶体管的局部波动呈现怎样的变化趋势？请解释上述变化的原因。

参考文献

[1] HU C, et al.BSIM4.3.0 MOSFET Model User's Manual[DB].

[2] 刘树林，张华曹，柴长春. 半导体器件物理[M]. 2 版. 北京：电子工业出版社，2015: 265-268.

[3] LIN S, KUO J B, HUANG K, et al. A closed-form back-gate-bias related inverse narrow- channel effect model for deep-submicron VLSI CMOS devices using shallow trench isolation[J]. IEEE Transactions on Electron Devices, 2000, 47(4): 725-733.

[4] LIU W. Mosfet Models for Spice Simulation, Including BSIM3v3 and BSIM4[M]. New York:Wiley-IEEE Press, 2001.

[5] 施敏，伍国钰. 半导体器件物理[M]. 张瑞智，等译. 3 版. 西安：西安交通大学出版社，2008: 257-258.

[6] 黄均鼐，汤庭鏊，胡光喜. 半导体器件原理[M]. 上海：复旦大学出版社，2011: 248.

第 7 章

MOSFET 射频模型参数提取

射频（Radio Frequency，RF）表示可以辐射到空间的电磁频率，频率范围为 300kHz～300GHz。近年来，随着无线通信技术的快速发展，对重量轻、体积小、功耗低、成本低的射频收发器的需求量也明显增加，提高射频收发器的集成度已成为当前研究的热点[1]。射频集成电路领域的研究更加受到业界的重视，射频器件在民用和军用市场均有非常广阔的发展前景[2]。

在民用方面，移动通信是射频器件最大的应用市场，手机通过收发电磁波来和基站进行通信，其中专门负责收发电磁波的一系列电路、芯片、元器件等被统称为射频芯片（RFIC）。射频芯片在移动通信领域具有举足轻重的作用。在军用方面，由于产品应用环境的条件更为严苛，要求具有更高的频率、更大的功率、更大的带宽，其频率甚至可扩展到太赫兹波段，如军用频谱全频感知、转换、处理的数据转换器，在 30GHz 频段时能确保军用频谱在拥挤的电磁环境中实现通信和不间断的雷达监视。

随着现代无线通信技术的持续更新迭代，射频芯片需要具有更高的集成度、更低的功耗和更优异的性能，射频芯片的 CMOS 制造工艺的特征尺寸需要不断缩小。因此，对 MOSFET 的射频特性进行准确和可靠的描述变得至关重要，需要深入开展基于 RF CMOS 工艺的器件建模和参数提取。

本章首先简要回顾 MOSFET 射频模型的发展历程，接着介绍 MOSFET 小信号等效电路及参数，最后介绍射频 MOSFET 参数的测试环境搭建与测试方案。

7.1 MOSFET 射频模型的发展历程

经过几十年的不断发展，MOSFEET 射频模型的精度和扩展适应性得到了不断的完善。下面对不同时期提出的各种 MOSFET 射频模型的发展过程作简要回顾。

1974 年，R. S. Ronen 等人研究了 MOSFET 的超高频模型[3]，发现在 500MHz 处器件表现出良好的性能。1985 年，M. Bagheri 等人提出了一个适用于弱、中、强三种逆变状态的四端口 MOSFET 小信号直流-高频模型[4]，其中 MOSFET 方程的交流小信号分量描述了 MOSFET 的"传输线"行为，并通过求解得到了一组完整的导纳参数。

1991 年，Koolen 等人提出了开路短路去嵌法[5]，通过减去开–短路结构相应的导纳/串联参数矩阵，实现去嵌。1993 年，A. L. Caviglia 等人导出了自热效应的小信号模型[6]，且当热响应采用多时间常数模型时，与实测数据实现了很好的拟合，这可作为建立这些器件动态热效应大信号模型的基础。1998 年，J.-P. Raskin 等人精心设计探针和校准结构，采用严格的原位校准和新的直接提参方法[7]，这样提取的 MOSFET 非准静态（NQS）小信号模型参数在 40GHz 范围内是有效的。同年，R. Sung 等人提出了一种简单的非准静态模型，它具有电路仿真所需的良好精度[8]，并提出了一种新的曲线拟合方法来提取网络模型元素。

2007 年，C. Andrei 等人提出了一种精确提取 110GHz 以下先进 MOSFET 小信号等效电路的去嵌法[9]，并在 65nm NMOS 上得到了验证。2009 年，J. Gao 等人提出了根据晶圆测试的截止模 S 参数[10]，通过一组精确的封闭方程，得到了非本征电阻、电感以及衬底寄生效应的直接参数提取方法，建立了小信号等效电路模型。同年，N. Waldhoff 等人提出了一种测量和建模方法[11]，用于精确提取 220GHz 先进 MOSFET 小信号等效电路。

2015 年，M.-A. Chalkiadaki 等人提出了一种简单的射频等效电路[12]，得到了一阶解析表达式，该表达式能够描述纳米 MOSFET 在所有反转能级上的射频小信号行为，包括噪声。2015 年，J. Y. Hasani 提出了一种新的 MOS 晶体管三端口分布模型[13]，以精确捕获纵向分布效应，该模型还可以与新的 BSIM RF 小信号模型（如 BSIM4.7 和 BSIM6）结合使用。2018 年，A. S. Chakraborty 等人提出了一种通用的双栅 MOSFET 核心紧凑模型[14]，其不受任何非物理模型参数或插值函数的影响，可以表征基本的器件物理特性。2023 年，C. Rajarajachozhan 等人提出了一种基于 SPICE 的纳米尺度 SOI MOSFET 射频模型[15]，其理论分析结果为后来在 RF SPICE 模拟器库中引入 SOI MOSFET 提供了新思路。

BSIM6 是工业标准模型 BSIM4 及 CMC（紧凑型模型委员会）面向 RF 设计者极为有利的更新[16]，是当前用于模拟和 RF 电路设计的最佳选择。该模型表现出包括导数在内的平滑连续的 I-V 和 C-V 特性，解决了 BSIM4 在 $V_{DS}=0$ 附近的不连续性问题，特别是保持了良好的用户体验。该模型通过了各种基准测试，如 Gummel 对称性测试（GST）、交流对称性测试、树梢测试、斜率测试和谐波平衡测试等，证明了其鲁棒性和物理特性。通过测试数据进行广泛的一致性验证，证明了该模型在几何、偏置和温度等方面均具有良好的可扩展性。

7.2　MOSFET 小信号等效电路

当 MOSFET 工作在射频和微波频段时，外部寄生元件对 MOSFET 的影响已经不能被忽略，器件模型必须考虑除本征部分外的寄生部分。对于 MOSFET 而言，栅极、源极和漏极的寄生电阻及硅衬底的衬底损耗等寄生元件的参数提取是建模的关键。若叠加在器件静态工作点上的交流信号幅度小于热电压（kT/q），则认为该器件处于小信号工作状态，可近似用线性方法分析器件的小信号特性。

根据漏极电流和沟道电子电荷面密度的方程[17]，即式（7-1）和式（7-2）

$$I_D = Z\mu_n \left(\int_0^b qn\mathrm{d}x \right) \frac{\mathrm{d}V}{\mathrm{d}y} \tag{7-1}$$

$$Q_n = -C_{OX}[V_{GS} - V_{FB} - 2\varphi_{FP} - V(y)] + \{2\varepsilon_s qN_A[2\varphi_{FP} - V_{BS} + V(y)]\}^{\frac{1}{2}} \tag{7-2}$$

将 I_D 换成 t 时刻沟道内 y 处的传导电流 $I_c(y,t)$，将沟道直流电势 $V(y)$ 换成 t 时刻沟道内 y 处的 $V_c(y,t)$，可推导 MOSFET 的小信号 Y 参数，如图 7.1 所示，具体的表达式为

$$Y_{11} = \frac{i_G}{v_{GS}}\Big|_{v_{DS}=0} \tag{7-3}$$

$$Y_{12} = \frac{i_G}{v_{DS}}\Big|_{v_{GS}=0} \tag{7-4}$$

$$Y_{21} = \frac{i_G}{v_{GS}}\Big|_{v_{DS}=0} \tag{7-5}$$

$$Y_{22} = \frac{i_D}{v_{DS}}\Big|_{v_{GS}=0} \tag{7-6}$$

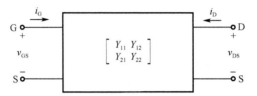

图 7.1　MOSFET 的小信号 Y 参数

考虑信号焊盘的影响，可将 Y 参数转化为如图 7.2 所示的射频 MOSFET 小信号等效电路。

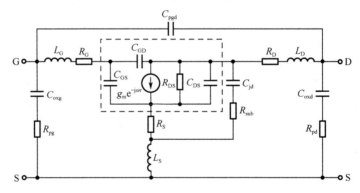

图 7.2　射频 MOSFFET 小信号等效电路

可将图 7.2 中的元件划分为由外部寄生元件（虚线框外）和内部本征元件（虚线框内）两部分。

（1）外部寄生元件：C_{oxg}、C_{oxd}、C_{pgd}、R_{pg}、R_{pd}、L_G、L_D、L_S、C_{jd}、R_{sub}、R_G、R_D 和 R_S。

C_{oxg} 表示输入信号焊盘对地的电容。C_{oxd} 表示输出信号焊盘对地的电容。C_{pgd} 表示输入信号焊盘与输出信号焊盘之间的耦合电容。R_{pg} 和 R_{pd} 分别表示输入信号焊盘与输出信号焊盘的衬底损耗电阻。L_G、L_D 和 L_S 分别表示栅极馈线寄生电感、漏极馈线寄生电感和源极馈线寄生电感。C_{jd} 和 R_{sub} 分别表示漏极衬底耦合电容和衬底电阻。

R_G 表示栅极电阻，主要由沟道栅氧层上的多晶硅电阻、多晶硅与硅化物接触电阻、有

源区外围的多晶硅延伸部分电阻、多晶硅与金属接触造成的接触孔电阻构成。栅极电阻对电路性能会产生很多影响，如更大的栅极电阻会引入更大的热噪声，增加噪声系数，同时影响晶体管的开关速度和最大振荡频率，因此应尽可能地减小栅极电阻。

R_D 和 R_S 分别表示漏极和源极寄生串联电阻，主要包括硅化物电阻 R_{sal}、硅化物与源漏结接触电阻 R_{con}、轻掺杂源漏端电阻 R_{ldd}。其中，R_{con} 和 R_{ldd} 起主要作用。

（2）内部本征元件：C_{GS}、C_{GD}、C_{DS}、g_m 和 g_{DS}。

栅源电容 C_{GS} 主要由栅极与沟道电容和栅源交叠电容构成，栅漏电容 C_{GD} 主要由栅漏交叠电容构成，C_{DS} 表示源漏电容，g_m 和 g_{DS}（等于 $1/R_{DS}$）分别表示器件的跨导和输出电导。参数 τ 是与跨导相关的时间延迟。

由于硅具有低电阻特性，若晶体管与衬底之间仅用电容隔离，不能实现良好信号隔离，硅工艺中会出现衬底寄生耦合效应，器件工作频率较高时信号特性受衬底的影响较大，尤其在射频微波频段，衬底寄生耦合效应对器件性能有明显的影响。通常用由 R_{sub} 和 C_{jd} 组成的耦合网络来表征这种效应，耦合网络连接在漏极和源极之间。

射频 MOSFET 小信号等效电路的开路 Z 参数表示为[18]

$$Z_{11} = \frac{Z_{11}^{INT} + R_S + Y_{jd}N}{1 + (Z_{22}^{INT} + R_S)Y_{jd}} + j\omega(L_G + L_S) + R_G \tag{7-7}$$

$$Z_{12} = \frac{Z_{12}^{INT} + R_S}{1 + (Z_{22}^{INT} + R_S)Y_{jd}} + j\omega L_S \tag{7-8}$$

$$Z_{21} = \frac{Z_{21}^{INT} + R_S}{1 + (Z_{22}^{INT} + R_S)Y_{jd}} + j\omega L_S \tag{7-9}$$

$$Z_{22} = \frac{Z_{22}^{INT} + R_S}{1 + (Z_{22}^{INT} + R_S)Y_{jd}} + j\omega(L_D + L_S) + R_D \tag{7-10}$$

其中

$$Y_{jd} = \frac{j\omega C_{jd}}{1 + j\omega R_{sub}C_{jd}} \tag{7-11}$$

$$N = Z_{11}^{INT}Z_{22}^{INT} - Z_{12}^{INT}Z_{21}^{INT} + R_S(Z_{11}^{INT} + Z_{22}^{INT} - Z_{12}^{INT} - Z_{21}^{INT}) \tag{7-12}$$

Z_{ij}^{INT} $(i, j=1, 2)$ 为本征网络的 Z 参数，其表达式为

$$Z_{11}^{INT} = \frac{g_{DS} + j\omega(C_{GD} + C_{DS})}{M} \tag{7-13}$$

$$Z_{12}^{INT} = \frac{j\omega C_{GD}}{M} \tag{7-14}$$

$$Z_{21}^{INT} = \frac{-g_m e^{-j\omega\tau} + j\omega C_{GD}}{M} \tag{7-15}$$

$$Z_{22}^{INT} = \frac{j\omega(C_{GD} + C_{DS})}{M} \tag{7-16}$$

其中

$$M = -\omega^2(C_{GS}C_{DS} + C_{GS}C_{GD} + C_{GD}C_{DS}) + j\omega[g_m e^{-j\omega\tau}C_{GD} + g_{DS}(C_{GS} + C_{GD})] \tag{7-17}$$

当器件在无偏置或沟道未导通的情况下工作时，漏极电压控制的电流源消失，栅极、

源极、漏极之间均为容性。截止条件下的射频 MOSFET 小信号等效电路如图 7.3 所示。

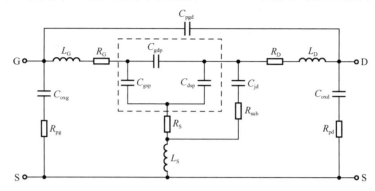

图 7.3 截止条件下的射频 MOSFET 小信号等效电路

其 Z 参数可表示为

$$Z_{11}^c = \frac{j\omega(C_{gdp} + C_{dsp}) + M_c R_S + Y_{jd}[1 + j\omega R_S(C_{gsp} + C_{dsp})]}{M_c + Y_{jd}[j\omega(C_{gdp} + C_{gsp}) + M_c R_S]} + j\omega(L_G + L_S) + R_G \qquad (7\text{-}18)$$

$$Z_{12}^c = Z_{21}^c = \frac{j\omega C_{gdp} + M_c R_S}{M_c + Y_{jd}[j\omega(C_{gdp} + C_{gsp}) + M_c R_S]} + j\omega L_S \qquad (7\text{-}19)$$

$$Z_{22}^c = \frac{j\omega(C_{gdp} + C_{gsp}) + M_c R_S}{M_c + Y_{jd}[j\omega(C_{gdp} + C_{gsp}) + M_c R_S]} + j\omega(L_D + L_S) + R_D \qquad (7\text{-}20)$$

其中

$$M_c = -\omega^2(C_{gsp}C_{dsp} + C_{gsp}C_{gdp} + C_{dsp}C_{gdp}) \qquad (7\text{-}21)$$

提取器件的寄生元件参数后，从器件的 Y 参数中剥离寄生元件的影响，即可得到本征元件参数[18]。寄生元件参数的提取过程将在下一章中详细介绍，本章仅给出截止状态下寄生电阻的提取方法。忽略衬底寄生耦合效应的影响，剥离焊盘寄生元件及馈线寄生电感后，利用所得等效电路的开路 Z 参数得到

$$R_G = \mathrm{Re}(Z_{11}) - \mathrm{Re}(Z_{12}) \qquad (7\text{-}22)$$

$$R_S = \mathrm{Re}(Z_{12}) \qquad (7\text{-}23)$$

$$R_D = \mathrm{Re}(Z_{22}) - \mathrm{Re}(Z_{12}) \qquad (7\text{-}24)$$

将测试获得的 S 参数转化为 Y 参数，削去测试结构中寄生元件及衬底网络的影响，可直接提取本征元件参数，具体步骤见下一章。所得到的本征元件参数表达式为

$$C_{GD} = -\frac{\mathrm{Im}(Y_{12}^{INT})}{\omega} \qquad (7\text{-}25)$$

$$C_{GS} = \frac{\mathrm{Im}(Y_{11}^{INT} + Y_{12}^{INT})}{\omega} \qquad (7\text{-}26)$$

$$C_{DS} = \frac{\mathrm{Im}(Y_{22}^{INT} + Y_{12}^{INT})}{\omega} \qquad (7\text{-}27)$$

$$g_{DS} = \mathrm{Re}(Y_{22}^{INT}) \qquad (7\text{-}28)$$

$$g_m = \left| Y_{21}^{INT} - Y_{12}^{INT} \right| \qquad (7\text{-}29)$$

$$\tau = -\frac{1}{\omega}\arctan\left(\frac{\mathrm{Im}(Y_{21}^{\mathrm{INT}} - Y_{12}^{\mathrm{INT}})}{\mathrm{Re}(Y_{21}^{\mathrm{INT}} - Y_{12}^{\mathrm{INT}})}\right) \qquad (7\text{-}30)$$

其中，Y_{ij}^{INT} $(i, j=1, 2)$为本征网络的 Y 参数。

通常，利用矢量网络分析仪获得的测试数据都是以 S 参数的形式输出的，而在 MOSFET 器件模型参数提取的过程中，经常会用到 Z 参数和 Y 参数。下面给出 S 参数、Y 参数和 Z 参数之间的换算关系，如表 7.1～表 7.3 所示。其中，Z_0 和 Y_0 分别是特性阻抗和特性导纳，二者互为倒数关系。特性阻抗与传输线类型相关，在射频电路中，特性阻抗 Z_0 通常为 50Ω。

表 7.1　Z 参数与 Y 参数之间的换算关系

Z 参数	Y 参数
$Z_{11} = \dfrac{Y_{22}}{Y_{11}Y_{22} - Y_{12}Y_{21}}$	$Y_{11} = \dfrac{Z_{22}}{Z_{11}Z_{22} - Z_{12}Z_{21}}$
$Z_{12} = \dfrac{Y_{12}}{Y_{11}Y_{22} - Y_{12}Y_{21}}$	$Y_{12} = \dfrac{Z_{12}}{Z_{11}Z_{22} - Z_{12}Z_{21}}$
$Z_{21} = \dfrac{Y_{21}}{Y_{11}Y_{22} - Y_{12}Y_{21}}$	$Y_{21} = \dfrac{Z_{21}}{Z_{11}Z_{22} - Z_{12}Z_{21}}$
$Z_{22} = \dfrac{Y_{11}}{Y_{11}Y_{22} - Y_{12}Y_{21}}$	$Y_{22} = \dfrac{Z_{11}}{Z_{11}Z_{22} - Z_{12}Z_{21}}$

表 7.2　Z 参数与 S 参数之间的换算关系

Z 参数	S 参数
$Z_{11} = Z_0\dfrac{(1+S_{11})(1-S_{22}) + S_{12}S_{21}}{(1-S_{11})(1-S_{22}) - S_{12}S_{21}}$	$S_{11} = \dfrac{(Z_{11} - Z_0)(Z_{22} + Z_0) - Z_{12}Z_{21}}{(Z_{11} + Z_0)(Z_{22} + Z_0) - Z_{12}Z_{21}}$
$Z_{12} = Z_0\dfrac{2S_{12}}{(1-S_{11})(1-S_{22}) - S_{12}S_{21}}$	$S_{12} = \dfrac{2Z_{12}Z_0}{(Z_{11} + Z_0)(Z_{22} + Z_0) - Z_{12}Z_{21}}$
$Z_{21} = Z_0\dfrac{2S_{21}}{(1-S_{11})(1-S_{22}) - S_{12}S_{21}}$	$S_{21} = \dfrac{2Z_{21}Z_0}{(Z_{11} + Z_0)(Z_{22} + Z_0) - Z_{12}Z_{21}}$
$Z_{22} = Z_0\dfrac{(1-S_{11})(1+S_{22}) + S_{12}S_{21}}{(1-S_{11})(1-S_{22}) - S_{12}S_{21}}$	$S_{22} = \dfrac{(Z_{11} + Z_0)(Z_{22} - Z_0) - Z_{12}Z_{21}}{(Z_{11} + Z_0)(Z_{22} + Z_0) - Z_{12}Z_{21}}$

表 7.3　Y 参数与 S 参数之间的换算关系

Y 参数	S 参数
$Y_{11} = Y_0\dfrac{(1-S_{11})(1+S_{22}) + S_{12}S_{21}}{(1+S_{11})(1+S_{22}) - S_{12}S_{21}}$	$S_{11} = \dfrac{(Y_0 - Y_{11})(Y_0 + Y_{22}) + Y_{12}Y_{21}}{(Y_{11} + Y_{11})(Y_0 + Y_{22}) - Y_{12}Y_{21}}$
$Y_{12} = Y_0\dfrac{-2S_{12}}{(1+S_{11})(1+S_{22}) - S_{12}S_{21}}$	$S_{12} = \dfrac{-2Y_0Y_{12}}{(Y_{11} + Y_{11})(Y_0 + Y_{22}) - Y_{12}Y_{21}}$
$Y_{21} = Y_0\dfrac{-2S_{21}}{(1+S_{11})(1+S_{22}) - S_{12}S_{21}}$	$S_{21} = \dfrac{-2Y_0Y_{21}}{(Y_{11} + Y_{11})(Y_0 + Y_{22}) - Y_{12}Y_{21}}$
$Y_{22} = Y_0\dfrac{(1+S_{11})(1-S_{22}) + S_{12}S_{21}}{(1+S_{11})(1+S_{22}) - S_{12}S_{21}}$	$S_{22} = \dfrac{(Y_0 + Y_{11})(Y_0 - Y_{22}) + Y_{12}Y_{21}}{(Y_{11} + Y_{11})(Y_0 + Y_{22}) - Y_{12}Y_{21}}$

7.3 测试环境搭建和测试方案

7.3.1 矢量网络分析仪简介

MOSFET 射频参数测试的主要设备是半导体特性参数分析仪和矢量网络分析仪（Vector Network Analyzer，VNA）。虽然各种型号的仪器在操作上会有一定的差异，但主要功能基本相似。本节选用的半导体特性参数分析仪是 B1500，其使用方法在第四章中已进行了详细介绍，此处不再赘述。

矢量网络分析仪作为元器件和微波电路测量和表征的主要设备，常被用于测量射频范围的单端口、多端口器件或系统的各种幅频参数，如传输特性、反射特性、隔离度和非线性等。本节以是德科技 PNA-X 仪器（简称 PNA-X）为例，介绍矢量网络分析仪的主要功能。PNA-X 不仅是一款矢量网络分析仪，而且在测量放大器、混频器和频率转换器等有源器件方面，也具有综合能力强、应用灵活的特点。

PNA-X 的正面板如图 7.4 所示，图中各个序号所标注区域的功能如下。

① 灵活的现代化用户界面：正面板按键、选项卡式软面板、下拉菜单、可自定义的工具栏、右击快捷方式、拖放操作和 12.1 英寸触摸屏。

② 可以对每条曲线标注最多 15 个标记。

③ 该按钮可提供校准功能。

④ 设置通道信息，可支持最多 200 个测试通道和多条曲线的同时测试。

⑤ 查看内置的帮助文档。

⑥ 撤销或恢复之前的操作。

⑦ 可配置测试集，适用于所有型号。

⑧ 可进行线性、对数、功率、连续波、相位和分段扫描。

⑨ 可进行方程编辑与时域分析。

⑩ 可快速访问 ECAL 和其他 USB 设备。

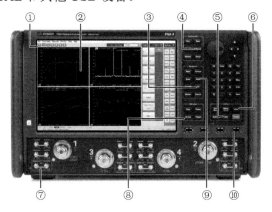

图 7.4 PNA-X 正面板

PNA-X 的背面板如图 7.5 所示，图中各个序号所标注区域的功能如下。

① 二号 GPIB 接口，用于控制信号源、功率计或其他仪器。

② 该接口用于加装信号调理硬件或其他测试仪器的 RF 跳线（仅限 PNA-X）。

③ 该接口可以直接进行 IF 访问，可用于天线覆盖范围内的远程混合。

④ LAN 和设备端 USB 接口，可为远程编程提供 GPIB 的替代方案。

⑤ 该区域可安装用于安全环境中的可移动驱动硬盘。

⑥ 可选的第三源端口（仅限 PNA-X）。

⑦ 控制外部调制器或同步内部脉冲发生器的脉冲 I/O 连接器。

⑧ 用于控制外部多端口和毫米波测试集的测试集 I/O 连接器。

⑨ 灵敏的触发器，可用于测试控制和同步外部源或其他仪器。

⑩ 电源 I/O 连接器，可为 PAE 和其他测试提供模拟输入和输出接口。

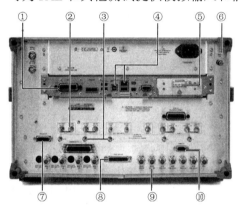

图 7.5　PNA-X 背面板

PNA-X 体系结构灵活，主要具有以下特点。

● 每个测试端口包括测试参考耦合器、接收器、信号源、接收器衰减器和偏置器，以实现最高的精度和最大的灵活性。

● 内置信号合成器简化了互调失真和 X 参数测试的设置流程。

● 内部脉冲调制器能够在仪器的整个频率范围内进行集成脉冲 RF 测试，无需昂贵且笨重的外部调制器。

● 具有采用 DDS 合成器的极低相位噪声源，无需使用高性能模拟信号发生器即可表征有源器件。

● 四端口 PNA-X 上的 source 端口可作为一个额外的信号源。

● 可切换的后面板跳线提供了灵活性，可在不移动测试电缆的情况下，添加信号调节硬件或将其他的测试设备连接到待测器件。

● 使用内置脉冲发生器，可以轻松地设置脉冲调制器和内部 IF 门的脉冲时序。

● 内置低噪声接收器，采用先进的校准和测试算法，可提供业界最精确的噪声系数测试功能。

PNA-X 组合了内置信号源、信号合路器、S 参数与噪声接收机、脉冲调制器和脉冲源，以及一整套便于用户灵活使用的开关和射频接入点。这些核心硬件为全面测试各种器件的线性和非线性特性奠定了坚实的基础，只需把被测器件与 PNA-X 进行一次连接，即可完成所有的测试。测试范围包括 S 参数（连续波和脉冲）、噪声系数、增益压缩、互调与谐波失真、变频增益/损耗、差分激励、非线性波形、X 参数等。

7.3.2 校准

当在晶圆上直接测量器件的 S 参数时，由于裸芯片的器件尺寸非常小，需要专门设计测试结构（Test Structure），以便能够用共面波导探针来测量射频特性。该测试结构通常由探针焊盘、金属互连线和被测器件组成。探针焊盘连接测试探针与被测器件。金属互连线连接被测器件与探针焊盘。MOSFET 模型参数从测试得到的 S 参数中提取，而探针焊盘和金属互连线的寄生效应会影响被测器件的 S 参数。为了降低寄生效应的影响，研究人员提出了有屏蔽的测试结构及各种去嵌方法，如开路去嵌法、开路-短路去嵌法等。除了寄生效应的影响，矢量网络分析仪的系统误差（包括失配、泄漏等）也会引入测试的不确定性，需要在测试前采用校准技术消除误差。校准能消除从矢量网络分析仪端口到探针针尖之间的误差，去嵌能消除从针尖到被测器件之间的误差，这两项误差会显著影响最终测试结果。本章主要介绍校准的方法，去嵌的方法将在下一章讲述。

在默认情况下，矢量网络分析仪会把测试端口之外的一切部分都视为被测器件，这就意味着矢量网络分析仪的测试参考平面就在测试端口上，超出参考平面的一切部分都会被测试。在校准之后，参考平面已经移动，位于探针针尖前端，因此矢量网络分析仪需要校准电缆和连接器，从而仅测试被测器件。常用的校准方法有 TRL（直通、反射、线路）和 SOLT（短路、开路、负载、直通）校准。这些方法是阻抗和传输测试的不同组合，用于表征电缆和夹具来进行校准。在校准时，将具有已知属性的标准件连接到测试装置进行测试，矢量网络分析仪可以通过比较测试结果和标准件的实际参数，对电缆和连接器进行校准。射频测试系统的测试参考面如图 7.6 所示，其中 Signal 表示输入和输出端口，Ground 表示接地焊盘，通过互连线连接被测器件的源极和衬底。

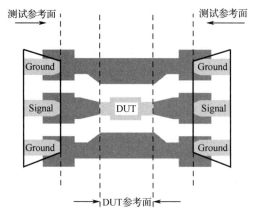

图 7.6 射频测试系统测试参考面

7.3.3 测试和提参

不同矢量网络分析仪的测试过程基本相同。首先，需要设置测试方案，通常需要设置扫描类型，以及起始频率、终止频率、功率、中频带宽等扫描参数。然后，进行校准，具体步骤包括：连接器件，执行未经校准的测试；调整频率范围和中频带宽；确认校准套件拥有与被测器件相同的连接器类型和性质；将校准套件连接至测试装置，执行校准；校准完毕后，测试准备工作就绪，可以连接被测器件进行测试。如果在器件测试过程中改变了频率范围或中频带宽，则须重新校准。最后，使用工具软件进行测试结果的分析。

基于 XModel 的参数提取过程如图 7.7 所示。详细过程将在第八章进行介绍。

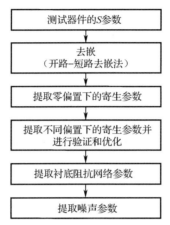

图 7.7　基于 XModel 的参数提取过程

习　　题

（1）射频 MOSFFET 小信号等效电路的主要参数有哪些，其中哪些是本征参数？

（2）MOSFFET 的 R_G 主要由哪几个部分组成？

（3）校准的主要作用是什么？

参考文献

[1] LIE D Y C, LARSON L E. "RF-SoC": Technology Enablers and Current Design Trends for Highly Integrated Wireless RF IC Transceivers[J]. International Journal on Wireless & Optical Communications, 2003, 1(01): 1-23.

[2] WANG Z, WEI S. Research and progress of low power design in SOC era[J]. Microelectronics, 2005, 35(2): 174-179.

[3] RONEN R S, STRAUSS L. The silicon-on-sapphire MOS tetrode—Some small-signal features, LF to UHF[J]. IEEE Transactions on Electron Devices, 1974, 21(1): 100-109.

[4] BAGHERI M, TSIVIDIS Y. A small signal dc-to-high-frequency nonquasistatic model for the four-terminal MOSFET valid in all regions of operation[J]. IEEE Transactions on Electron Devices, 1985, 32(11): 2383-2391.

[5] Koolen M, Geelen J A M, Versleijen M. An improved de-embedding technique for on-wafer high-frequency characterization[C]// IEEE, Proceedings of the 1991 Bipolar Circuits and Technology Meeting, Minneapolis, MN, USA, 1991, pp. 188-191.

[6] CAVIGLIA A L, ILIADIS A A. Linear dynamic self-heating in SOI MOSFETs[J]. IEEE Electron Device Letters, 1993, 14(3): 133-135.

[7] RASKIN J P, GILLON R, CHEN J, et al. Accurate SOI MOSFET characterization at microwave frequencies for device performance optimization and analog modeling[J]. IEEE Transactions on Electron Devices, 1998, 45(5): 1017-1025.

[8] SUNG R, BENDIX P, DAS M B. Extraction of high-frequency equivalent circuit parameters of submicron gate-length MOSFET's[J]. IEEE Transactions on Electron Devices, 1998, 45(8): 1769-1775.

[9] ANDREI C, GLORIA D, DANNEVILLE F, et al. Efficient de-embedding technique for 110-GHz deep-channel-MOSFET characterization[J]. IEEE Microwave and Wireless Components Letters, 2007, 17(4): 301-303.

[10] GAO J, WERTHOF A. Direct parameter extraction method for deep submicrometer metal oxide semiconductor field effect transistor small signal equivalent circuit[J]. IET Microwaves, Antennas & Propagation, 2009, 3(4): 564-571.

[11] WALDHOFF N, ANDREI C, GLORIA D, et al. Improved characterization methology for MOSFETs up to 220 GHz[J]. IEEE Transactions on Microwave Theory and Techniques, 2009, 57(5): 1237-1243.

[12] CHALKIADAKI M A, ENZ C C. RF small-signal and noise modeling including parameter extraction of nanoscale MOSFET from weak to strong inversion[J]. IEEE Transactions on Microwave Theory and Techniques, 2015, 63(7): 2173-2184.

[13] HASANI J Y. Three-port model of a modern MOS transistor in millimeter wave band, considering distributed effects[J]. IEEE Transactions on Computer-Aided Design of Integrated Circuits and Systems, 2015, 35(9): 1509-1518.

[14] CHAKRABORTY A S, MAHAPATRA S. Compact model for low effective mass channel common double-gate MOSFET[J]. IEEE Transactions on Electron Devices, 2018, 65(3): 888-894.

[15] RAJARAJACHOZHAN C, KARTHICK S, DEB S, et al. A Complete Analytical RF Model for Nanoscale Semiconductor-On-Insulator MOSFET[J]. Silicon, 2023, 15(7): 3049-3062.

[16] CHAUHAN Y S, VENUGOPALAN S, CHALKIADAKI M A, et al. BSIM6: Analog and RF compact model for bulk MOSFET[J]. IEEE Transactions on Electron Devices, 2013, 61(2): 234-244.

[17] 陈星弼, 张庆中, 陈勇. 微电子器件[M]. 北京: 电子工业出版社, 2011.

[18] GAO J, WERTHOF A. Direct parameter extraction method for deep submicrometer metal oxide semiconductor field effect transistor small signal equivalent circuit[J]. IET Microwaves, Antennas & Propagation, 2009, 3(4): 564-571.

[19] 张傲, 高建军. 硅基射频器件的建模与参数提取[M]. 北京: 电子工业出版社, 2021: 100-110.

[20] WARTENBERG S A. Selected Topics in RF Coplanar Probing [J]. IEEE Transactions on Microwave Theory & Techniques, 2003, 51(4):1413-1421.

[21] 胡江, 孙玲玲. 一种用于在片器件直接测量的新型 SOLT 校准方法[J]. 微波学报, 2006(S1): 135-137.

第8章

基于 XModel 的 MOSFET 射频模型参数提取实验

前一章已经介绍了射频 MOSFET 小信号等效电路及相关的参数，并给出了基于矢量网络分析仪的测试环境和测试方案。本章将介绍基于 XModel 的 MOSFET 射频模型参数提取实验的方法和步骤，主要包括去嵌方法及步骤、射频 MOSFET 零偏寄生参数的提取、不同偏置下寄生参数的验证与优化、衬底阻抗网络参数的提取和噪声参数的提取。

8.1　去嵌

8.1.1　去嵌方法

目前广泛应用的去嵌方法有开路去嵌法（Open De-embedding Method）[1]、开路-短路去嵌法（Open-Short De-embedding Method）[2]等。开路去嵌法认为，测试结构的寄生效应主要是由焊盘与衬底、焊盘与焊盘之间的寄生元件所导致的，忽略了互连线等串联寄生元件而仅考虑焊盘的影响，适用于频率低于 10GHz 的情况。随着频率的提高，特别是在毫米波频段，为了提高去嵌方法的精度，提出了开路-短路去嵌法，与开路去嵌法相比，增加了一个开路-短路测试结构，在 50GHz 以上的频段能够得到更精确的结果。

8.1.2　开路-短路去嵌法的步骤

开路-短路测试结构图如图 8.2 所示，Signal 表示输入和输出端口，Ground 表示接地焊盘，通过互连线连接被测器件（DUT）的源极和衬底。其中，图 8.1（a）所示为包含被测器件的测试结构，图 8.1（b）所示为不包含被测器件和互连线的开路测试结构，图 8.1（c）所示为不包含被测器件的短路测试结构，其输入、输出端口与衬底短接。

（1）采用微波在片系统测试图 8.1（a）所示测试结构的 S 参数 S_{meas}，并将 S 参数转化为 Y 参数 Y_{meas}。

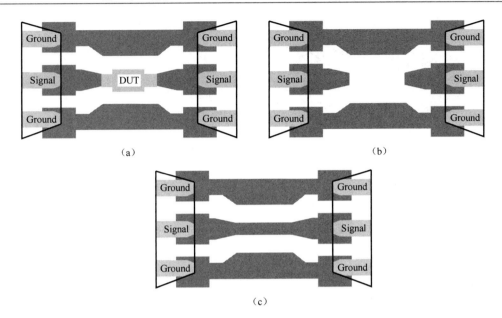

图 8.1　开路-短路测试结构：（a）包含被测器件的测试结构；（b）不包含被测器件和
互连线的开路测试结构；（c）不包含被测器件的短路测试结构

（2）分别测试图 8.1（b）、（c）所示测试结构的 S 参数 S_{open} 和 S_{short}，并将 S 参数转化为 Y 参数 Y_{open} 和 Y_{short}。

（3）剥离被测器件上焊盘造成的并联寄生元件 $Y_{\text{DUT1}}=Y_{\text{meas}}-Y_{\text{open}}$，并将 Y 参数转换成 Z 参数 Z_{DUT1}。

（4）剥离短路测试结构上焊盘的寄生元件，得到馈线寄生 Y 参数 $Y_{\text{short1}}=Y_{\text{short}}-Y_{\text{open}}$，并将 Y 参数转换成 Z 参数 Z_{short1}。

（5）得到被测器件本身的 Z 参数 $Z_{\text{DUT}}=Z_{\text{DUT1}}-Z_{\text{short1}}$。

（6）将 Z 参数转换为 S 参数，得到被测器件本身的 S 参数 S_{DUT}。

8.1.3　开路测试结构等效电路及参数提取

开路测试结构的等效电路图如图 8.2 所示，寄生效应主要是由焊盘引起的。

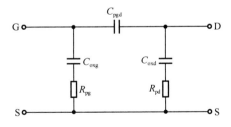

图 8.2　开路测试结构的等效电路图[3]

开路测试结构等效电路的导纳参数矩阵可表示为

$$Y_{\text{open}} = \begin{bmatrix} \dfrac{j\omega C_{\text{oxg}}}{1+j\omega C_{\text{oxg}}R_{\text{pg}}} + j\omega C_{\text{pgd}} & -j\omega C_{\text{pgd}} \\[4mm] -j\omega C_{\text{pgd}} & \dfrac{j\omega C_{\text{oxd}}}{1+j\omega C_{\text{oxd}}R_{\text{pd}}} + j\omega C_{\text{pgd}} \end{bmatrix} \tag{8-1}$$

开路寄生参数可由以下公式得到

$$C_{\text{oxd}} = \text{Im}(Y_{22}^{\text{open}} + Y_{11}^{\text{open}})/\omega \tag{8-2}$$

$$C_{\text{oxg}} = \text{Im}(Y_{11}^{\text{open}} + Y_{12}^{\text{open}})/\omega \tag{8-3}$$

$$C_{\text{pgd}} = -\text{Im}(Y_{12}^{\text{open}})/\omega \tag{8-4}$$

$$R_{\text{pg}} = \text{Re}(1/Y_{11}^{\text{open}} + Y_{12}^{\text{open}}) \tag{8-5}$$

$$R_{\text{pd}} = \text{Re}(1/Y_{22}^{\text{open}} + Y_{12}^{\text{open}}) \tag{8-6}$$

8.1.4　短路测试结构等效电路及参数提取

短路测试结构的等效电路图如图 8.3 所示，其中，L_{G}、L_{D} 和 L_{S} 分别表示栅极、漏极和源极馈线寄生电感，R_{lg}、R_{ld} 和 R_{ls} 分别表示栅极、漏极和源极馈线寄生电阻。

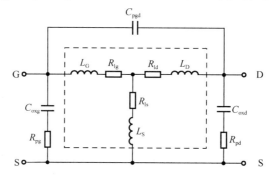

图 8.3　短路测试结构的等效电路图[3]

在提取短路测试结构馈线寄生参数过程中，应先消除寄生焊盘的影响，计算公式为

$$Y_{ij}^{\text{short1}} = Y_{ij}^{\text{short}} - Y_{ij}^{\text{open}} \ (i, j=1, 2) \tag{8-7}$$

其中，Y^{short} 为短路测试结构的 Y 参数，Y^{short1} 代表图中虚线框内部分的等效电路的 Y 参数。虚框内等效电路其阻抗 Z 参数表达式为

$$Z_{11}^{\text{short1}} = R_{\text{lg}} + R_{\text{ls}} + j\omega(L_{\text{G}} + L_{\text{S}}) \tag{8-8}$$

$$Z_{12}^{\text{short1}} = Z_{21}^{\text{short1}} = R_{\text{ls}} + j\omega L_{\text{S}} \tag{8-9}$$

$$Z_{22}^{\text{short1}} = R_{\text{ld}} + R_{\text{ls}} + j\omega(L_{\text{D}} + L_{\text{S}}) \tag{8-10}$$

馈线寄生电感 L_{G}、L_{D} 和 L_{S} 和馈线寄生电阻 R_{lg}、R_{ld} 可以由以下公式计算得到。

$$R_{\text{lg}} = \text{Re}(Z_{11}^{\text{short1}} - Z_{12}^{\text{short1}}) \tag{8-11}$$

$$R_{\text{ld}} = \text{Re}(Z_{22}^{\text{short1}} - Z_{21}^{\text{short1}}) \tag{8-12}$$

$$R_{\text{ls}} = \text{Re}(Z_{12}^{\text{short1}}) \tag{8-13}$$

$$L_{\mathrm{G}} = \frac{\mathrm{Im}(Z_{11}^{\mathrm{short1}} - Z_{12}^{\mathrm{short1}})}{\omega} \tag{8-14}$$

$$L_{\mathrm{D}} = \frac{\mathrm{Im}(Z_{22}^{\mathrm{short1}} - Z_{21}^{\mathrm{short1}})}{\omega} \tag{8-15}$$

$$L_{\mathrm{S}} = \frac{\mathrm{Im}(Z_{12}^{\mathrm{short1}})}{\omega} \tag{8-16}$$

8.1.5　基于 XModel 的开路-短路去嵌步骤

XModel 支持内置去嵌法及用户自定义的去嵌法，这里以开路-短路去嵌法为例，简要介绍去嵌的主要步骤。

（1）创建新工程，如图 8.4 所示，在"Select Template"区域的左侧选择"RF"类别，再在右侧的器件列表中选择"RFMOSFET"，双击打开该模板。随后，选择保存路径，完成新工程的创建。

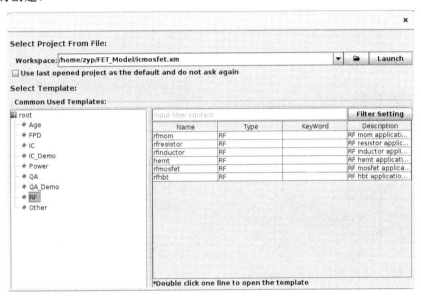

图 8.4　创建新工程

（2）导入去嵌文件，如图 8.5 所示。单击"Deembedding"按钮，如图 8.5（a）所示，然后，在弹出的界面中选择"From File"选项，如图 8.5（b）所示。

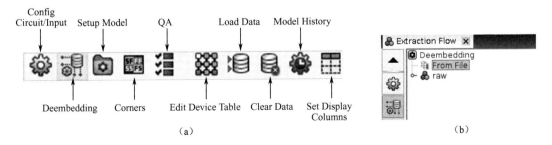

图 8.5　导入去嵌文件：（a）单击"Deembedding"按钮；（b）选择"From File"选项

（3）选择“Sparameter_Open-Short”去嵌类型，如图 8.6 所示。

Noise_Open-Short
Custom
Sparameter_Open-Short
Sparameter_Open

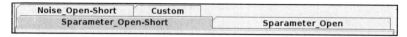

图 8.6　选择“Sparameter-Open-Short”去嵌类型

（4）导入原始数据。若每个器件都有各自的 raw、open、short 数据，可从文件夹中批量加载数据，这些数据会根据 dataname、setup 等信息自动匹配到相应的器件。若是多个器件共享一个 open 或 short 数据，可以选中多个器件，然后单击鼠标右键，从弹出的“Open”对话框中选择相应的 open 或 short 数据文件，如图 8.7 所示。

raw file
open file
short file
dataN...
t
w
nf
l
raw file
open file
short file
Local1 25 2u 4 0.06u
Local2 25 2u 8 0.06u
Local3 25 2u 16 0.06u
Open
Look In:
raw
nmos_w2_l0.06_nf16_sdut.mea
nmos_w2_l0.06_nf4_sdut.mea
nmos_w2_l0.06_nf8_sdut.mea
File Name:
ımos_w2_l0.06_nf4_sdut.mea" "nmos_w2_l0.06_nf8_sdut.mea"
Files of Type:
.mea|.s2p|*.s4p
Open
Cancel

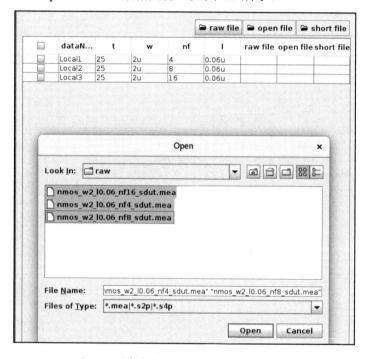

图 8.7　选择相应的 open 或 short 数据文件

导入数据后的界面如图 8.8 所示。

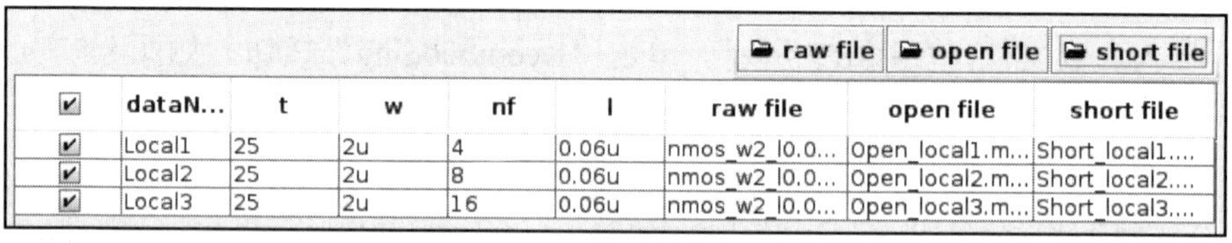

raw file
open file
short file
dataN...
t
w
nf
l
raw file
open file
short file
Local1 25 2u 4 0.06u nmos_w2_l0.0... Open_local1.m... Short_local1....
Local2 25 2u 8 0.06u nmos_w2_l0.0... Open_local2.m... Short_local2....
Local3 25 2u 16 0.06u nmos_w2_l0.0... Open_local3.m... Short_local3....

图 8.8　导入数据后的界面

（5）勾选需要操作的器件，单击“Run Deembedding”按钮，选择去嵌后的数据的保存位置，如图 8.9 所示。

（6）单击“Save”按钮后开始去嵌，当弹出如图 8.10 所示的去嵌成功提示时，说明去嵌已完成。

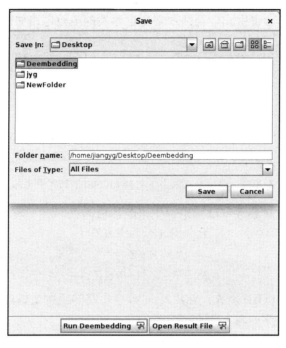

图 8.9　设置去嵌后的数据的保存位置

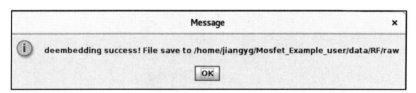

图 8.10　去嵌成功提示

（7）单击"Open Result File"按钮查看去嵌结果，如图 8.11 所示。

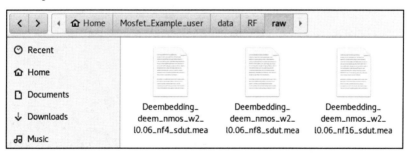

图 8.11　查看去嵌结果

8.2　射频 MOSFET 零偏寄生参数提取

8.2.1　射频 MOSFET 零偏寄生参数简介

在零偏（$V_{GS}=V_{DS}=0V$）截止状态下，射频 MOSFET 的跨导接近于零，若忽略衬底寄生效应的影响，剥离焊盘寄生元件及馈线寄生电感后的等效电路如图 8.12 所示。

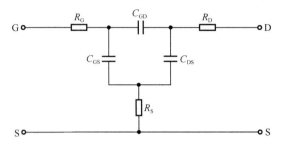

图 8.12　零偏截止状态下射频 MOSFET 的等效电路

根据该电路的开路 Z 参数可以确定寄生电阻的值为[4]

$$R_{\mathrm{G}} = \mathrm{Re}(Z_{11}) - \mathrm{Re}(Z_{12}) \tag{8-17}$$

$$R_{\mathrm{S}} = \mathrm{Re}(Z_{12}) \tag{8-18}$$

$$R_{\mathrm{D}} = \mathrm{Re}(Z_{22}) - \mathrm{Re}(Z_{12}) \tag{8-19}$$

在低频条件下（≤10GHz），R_{G}、R_{D}、R_{S} 对等效电路的阻抗造成的影响很小，可以忽略，故低频条件下的等效电路如图 8.13 所示。

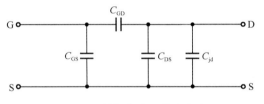

图 8.13　低频条件下等效电路

可提取得到 C_{GS}、C_{GD} 和 $C_{\mathrm{DS}}+C_{\mathrm{jd}}$ 的值为[5]

$$C_{\mathrm{GS}} = \frac{\mathrm{Im}(Y_{11}^{\mathrm{cl}} + Y_{12}^{\mathrm{cl}})}{\omega} \tag{8-20}$$

$$C_{\mathrm{GD}} = -\frac{\mathrm{Im}(Y_{12}^{\mathrm{cl}})}{\omega} \tag{8-21}$$

$$C_{\mathrm{DS}} + C_{\mathrm{jd}} = \frac{\mathrm{Im}(Y_{22}^{\mathrm{cl}} + Y_{12}^{\mathrm{cl}})}{\omega} \tag{8-22}$$

8.2.2　基于 XModel 的零偏寄生参数提取步骤

接下来详细介绍在零偏（V_{GS}=V_{DS}=0V）截止状态下，射频 MOSFET 寄生参数提取的主要步骤。

（1）创建工程文件。如图 8.14 所示，在"Select Template"区域的左侧选择"RF"类别，在右侧的器件列表中选择"rfmosfet"，双击打开该模板，然后，选择保存路径/home/jiangyg/8.2/Mosfet_Example.xm，完成工程文件的创建。

（2）加载数据文件。如图 8.15 所示，单击导航栏上的 按钮，弹出"Open"窗口，在工程创建目录下找到/Mosfet_Example_user/data/RF 路径，选择"deembedding"文件夹，加载零偏置下的数据文件，软件会根据数据文件里的信息自动生成相应的设置。

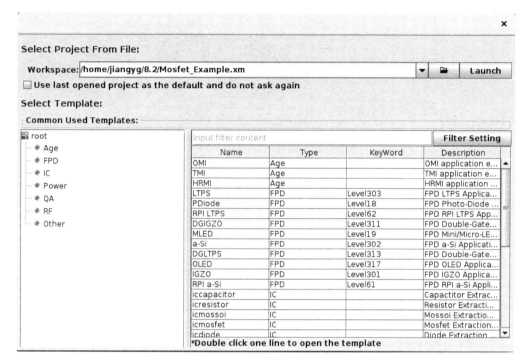

图 8.14　创建工程文件

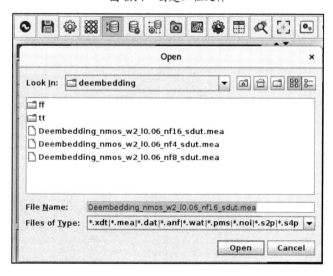

图 8.15　加载数据文件

（3）导入模型和选择参数。如图 8.16 所示，单击 按钮，在弹出的 "Setup Model" 窗口中，单击 "Load　Model" 按钮，在工程创建目录下找到/Mosfet_Example_user/model/RF/Global 路径，导入 MOSFET 的 global 模型文件。

首先选择需要调整的模型参数，然后单击 "Update Local Model Struct" 按钮，如图 8.17 所示，根据公式计算的结果，将选中的 global 参数的数值赋给每个 Local DUT。

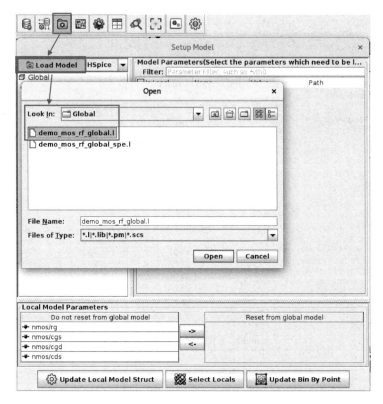

图 8.16　导入模型

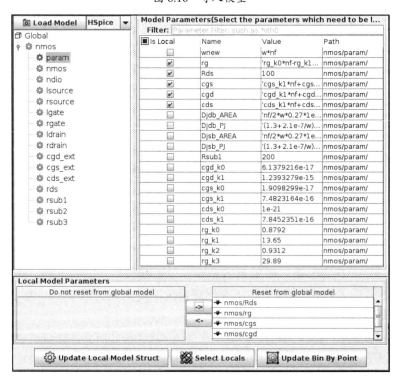

图 8.17　选择参数

（4）选择提参器件。在 DUT List 中选择要提参的器件，这里选择"Local1"，如图 8.18 所示。

（5）配置器件。在"Setup"标签中选择"deem"选项，如图 8.19 所示。双击打开，配置该 Setup 的 ETest 及 Plots 等。

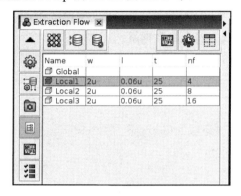

图 8.18　选择提参器件

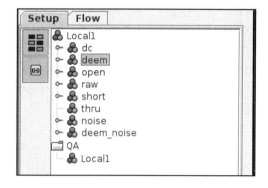

图 8.19　配置器件

（6）添加电路。在"ETest"标签页中选中"deem"选项，单击右键，选择"Add"选项，添加电路，同时这也是相应电路的输出数据，如图 8.20 所示。

"Add"选项：新增电路/输出数据。

"Paste"选项：粘贴复制的电路/输出数据。

"Copy"选项：复制电路/输出数据。

如图 8.21 所示，"rf_s"选项为上个步骤添加的数据，在此基础上，右击可以添加新的"ETest"标签，图中各个选项的含义如下。

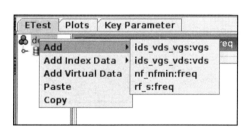

图 8.20　添加电路

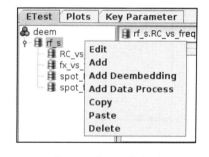

图 8.21　"ETest"标签

"Edit"选项：编辑已有的 ETest。

"Add"选项：新增 ETest。

"Add Deembedding"选项：新增去嵌数据。

"Add Data Process"选项：新增数据工程。

"Copy"选项：复制已有的 ETest。

"Paste"选项：粘贴复制的 ETest。

"Delete"选项：删除已有的 ETest。

（7）编辑 ETest。如图 8.22 所示，双击已有的"ETest"（图中演示的是"rf_s"下的

"RC_vs_freq"），打开编辑页面进行编辑，MOSFET 参数提取及参数定义可以在以下界面中实现。

"Selection"界面：编辑选择条件，可以用到图 8.21 "Key Parameter"标签中定义的特殊值。若要筛选出 2 个 freq，则可以在"Selection"界面中写入"select（freq==${freq1}||freq==${freq2}）"；也支持直接写数字，如"select（freq==4.9e9）"；同时，还支持模糊筛选，如"fuzzyselect（freq==${freq1}）"会将数值最接近 freq1 的频率数据筛选出来。

"Script"界面：编辑算法，实现数据的转换和运算。

"Data"界面：显示运算得出的数据表。

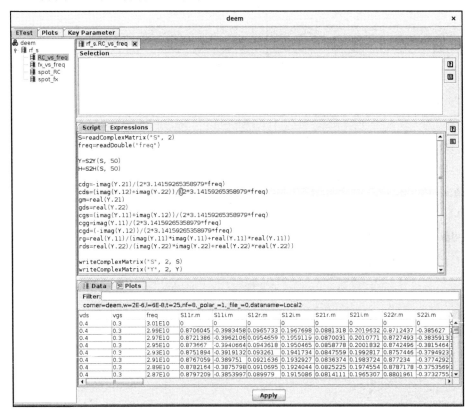

图 8.22　编辑 ETest

（8）配置绘图。在"ETest"标签下选择"Plots"标签，进行绘图配置，如图 8.23 所示。

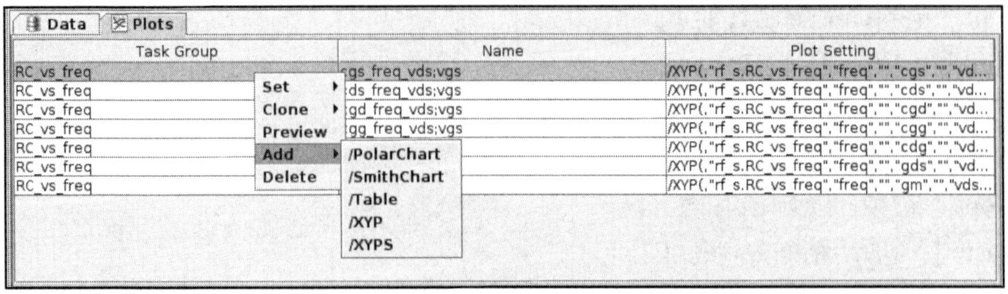

图 8.23　配置绘图

图示表格中各项的含义如下。

"Task Group"：所绘图组的名称，具有相同 task group name 的 plot 可以显示在同一个界面内。

"Name"：所绘 plot 的名称。

"Plot Setting"：绘图类型和每个轴的参数。

选中其中一行右击，选择"Add"选项，可以选择绘图类型，支持 SmithChart、PolarChart、Table、XYP、XYPS 等五种数据展示方式。SmithChart 类型用于 S_{11}、S_{22} 等下标相同的 S 参数，PolarChart 类型用于 S_{12}、S_{21} 等下标不同的 S 参数，Table 为在列表中展示数据，XYP、XYPS 类型可用于任意类型的数据。x 轴和 p 轴数据的来源为"Input Mapping"部分，y 轴数据的来源为"ETest Setting"，一组绘图中可以选择多个 y 轴数据，生成多张图。

选择 XYP 绘图类型，x、y 轴分别选择"freq"与"cgs"，如图 8.24 所示。

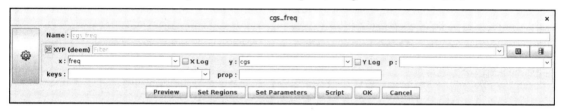

图 8.24　绘图类型设置（以 C_{GS} 为例）

（9）提取参数。如图 8.25 所示，在"Setup"标签下选择需要对比的图组，选择需要调节的参数并调节参数，使模型达到良好的精度。在"Model&Params"窗口中会罗列该参数组包含的参数，勾选需要调节参数，所选参数会显示在"Tweak"窗口中。

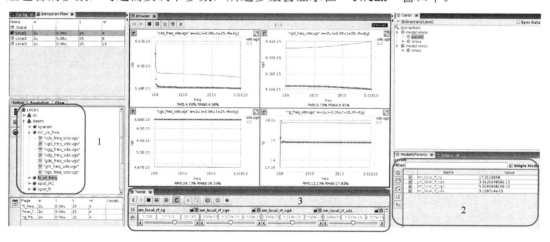

图 8.25　参数提取界面

以 C_{GS} 为例，初始模型在零偏下精度较差，拟合误差（RMS）达到 29.13%，最大误差（RMAX）达到 29.24%，如图 8.26 所示。

通过调节参数，使仿真结果与测试数据尽量吻合一致，如图 8.27 所示，可知 RMS 仅为 0.07%，RMAX 为 0.14%，完成在零偏下 C_{GS} 的参数提取。

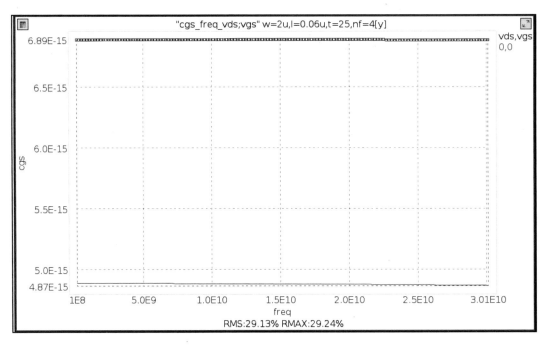

图 8.26　未调参的 C_{GS} 提取结果

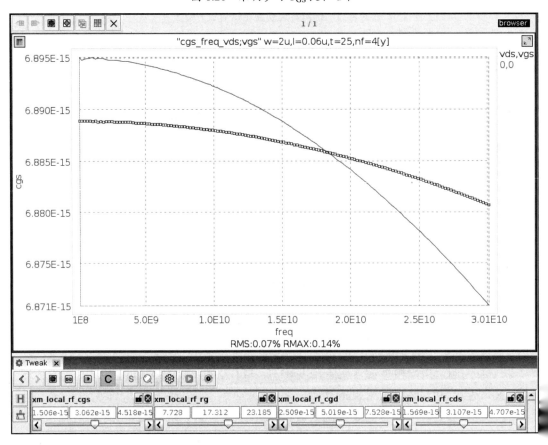

图 8.27　调参后的 C_{GS} 提取结果

后续可重复采用上述的提取步骤，继续提取在零偏下其它寄生参数的值，如图 8.28 所示。

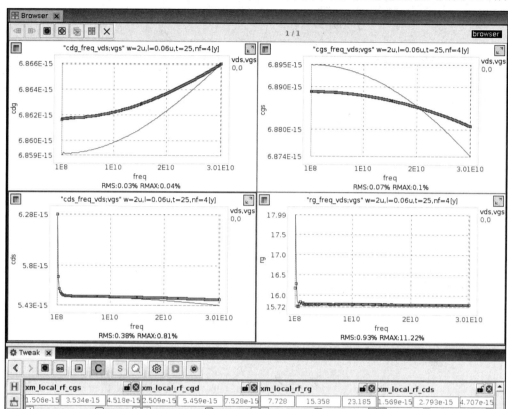

图 8.28　零偏下其它寄生参数的提取结果

8.3　射频 MOSFET 不同偏置下寄生参数的验证与优化

8.3.1　不同偏置下寄生参数的提取方法

基于测试数据，根据下面的参数变换步骤，可以直接确定各种寄生参数随频率变化的解析表达式。

（1）将测得的 S 参数转换为 Y 参数。

$$S_{\mathrm{m}} = \begin{bmatrix} S_{11}^{\mathrm{m}} & S_{12}^{\mathrm{m}} \\ S_{21}^{\mathrm{m}} & S_{22}^{\mathrm{m}} \end{bmatrix} \rightarrow Y_{\mathrm{m}} = \begin{bmatrix} Y_{11}^{\mathrm{m}} & Y_{12}^{\mathrm{m}} \\ Y_{21}^{\mathrm{m}} & Y_{22}^{\mathrm{m}} \end{bmatrix} \tag{8-23}$$

（2）去除寄生焊盘开路测试结构的影响。

$$Y_{\mathrm{m1}} = Y_{\mathrm{m}} - \begin{bmatrix} \dfrac{\omega^2 C_{\mathrm{oxg}}^2 R_{\mathrm{pg}} + \mathrm{j}\omega C_{\mathrm{oxg}}}{1 + (\omega C_{\mathrm{oxg}} R_{\mathrm{pg}})^2} + \mathrm{j}\omega C_{\mathrm{pgd}} & -\mathrm{j}\omega C_{\mathrm{pgd}} \\ -\mathrm{j}\omega C_{\mathrm{pgd}} & \dfrac{\omega^2 C_{\mathrm{oxd}}^2 R_{\mathrm{pd}} + \mathrm{j}\omega C_{\mathrm{oxd}}}{1 + (\omega C_{\mathrm{oxd}} R_{\mathrm{pd}})^2} + \mathrm{j}\omega C_{\mathrm{pgd}} \end{bmatrix} \tag{8-24}$$

（3）将 Y 参数转化为 Z 参数。

$$Y_{m1} = \begin{bmatrix} Y_{11}^{m1} & Y_{12}^{m1} \\ Y_{21}^{m1} & Y_{22}^{m1} \end{bmatrix} \rightarrow Z_{m1} = \begin{bmatrix} Z_{11}^{m1} & Z_{12}^{m1} \\ Z_{21}^{m1} & Z_{22}^{m1} \end{bmatrix} \tag{8-25}$$

（4）去除馈线寄生电感以及栅极和漏极寄生电阻的影响。

$$Z_{m2} = Z_{m1} - \begin{bmatrix} R_G + j\omega(L_G + L_S) & j\omega L_S \\ j\omega L_S & R_D + j\omega(L_D + L_S) \end{bmatrix} \tag{8-26}$$

（5）将 Z 参数转化为 Y 参数。

$$Z_{m2} = \begin{bmatrix} Z_{11}^{m2} & Z_{12}^{m2} \\ Z_{21}^{m2} & Z_{22}^{m2} \end{bmatrix} \rightarrow Y_{m2} = \begin{bmatrix} Y_{11}^{m2} & Y_{12}^{m2} \\ Y_{21}^{m2} & Y_{22}^{m2} \end{bmatrix} \tag{8-27}$$

（6）去除衬底寄生网络的影响。

$$Y_{m3} = Y_{m2} - \begin{bmatrix} 0 & 0 \\ 0 & \dfrac{\omega^2 C_{jd}^2 R_{sub}}{1 + (\omega C_{jd} R_{sub})^2} + j\dfrac{\omega C_{jd}}{1 + (\omega C_{jd} R_{sub})^2} \end{bmatrix} \tag{8-28}$$

（7）将 Y 参数转化为 Z 参数。

$$Y_{m3} = \begin{bmatrix} Y_{11}^{m3} & Y_{12}^{m3} \\ Y_{21}^{m3} & Y_{22}^{m3} \end{bmatrix} \rightarrow Z_{m3} = \begin{bmatrix} Z_{11}^{m3} & Z_{12}^{m3} \\ Z_{21}^{m3} & Z_{22}^{m3} \end{bmatrix} \tag{8-29}$$

（8）去除源极寄生电阻 R_S 的影响。

$$Z_{m4} = Z_{m3} - \begin{bmatrix} R_S & R_S \\ R_S & R_S \end{bmatrix} \tag{8-30}$$

（9）将 Z 参数转化为 Y 参数。

$$Z_{m4} \rightarrow Y^{INT} = \begin{bmatrix} j\omega(C_{GS} + C_{GD}) & -j\omega C_{GD} \\ g_m e^{-j\omega t} - j\omega C_{GD} & g_{DS} + j\omega(C_{DS} + C_{GD}) \end{bmatrix} \tag{8-31}$$

（10）提取寄生参数。

$$C_{GD} = -\frac{\mathrm{Im}(Y_{12}^{INT})}{\omega} \tag{8-32}$$

$$C_{GS} = \frac{\mathrm{Im}(Y_{11}^{INT} + Y_{12}^{INT})}{\omega} \tag{8-33}$$

$$C_{DS} = \frac{\mathrm{Im}(Y_{22}^{INT} + Y_{12}^{INT})}{\omega} \tag{8-34}$$

$$g_{DS} = \mathrm{Re}(Y_{22}^{INT}) \tag{8-35}$$

$$g_m = \left| Y_{21}^{INT} - Y_{12}^{INT} \right| \tag{8-36}$$

8.3.2 基于 XModel 的不同偏置下寄生参数的验证与优化

（1）绘制不同偏置下 C_{GS} 仿真值与测试值的对比图，选择 XYP 类型，具体设置如图 8.29 所示。

（2）得到不同偏置下 C_{GS} 随频率变化的曲线，如图 8.30 所示，其中 RMS 为 4.51%，RMAX 为 5.67%，还需进一步优化。

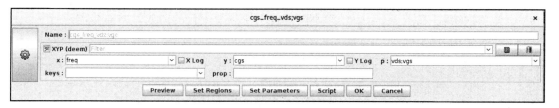

图 8.29　不同偏置下 C_{GS} 仿真值与测试值对比图的绘图设置

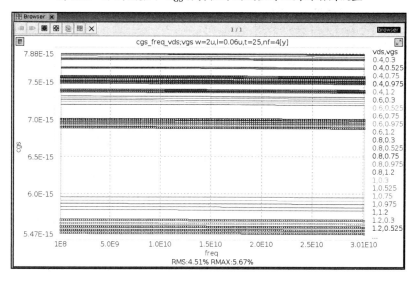

图 8.30　未调参的不同偏置下 C_{GS} 随频率变化的曲线

（3）通过继续调节参数，进一步提升模型的精度，如图 8.31 所示，其中 RMS 降为 0.16%，RMAX 降为 0.22%。

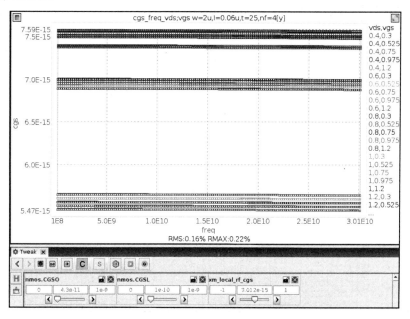

图 8.31　调参后的不同偏置下 C_{GS} 随频率变化的曲线

（4）依次绘制 C_{DS}、C_{GD}、R_G 在不同偏置下随频率变化的曲线，并对模型进行优化和验证，结果如图 8.32 所示。

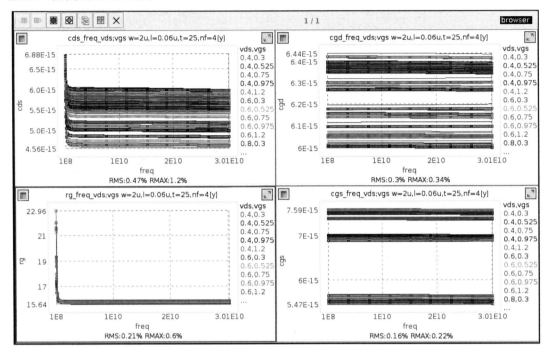

图 8.32　C_{DS}、C_{GD}、R_G 和 C_{GS} 随频率变化的曲线

（5）固定频率，绘制各个寄生参数在不同 V_{DS} 下随 V_{GS} 变化的曲线，并进一步调节参数，使仿真结果与测试数据尽量吻合，如图 8.33 所示。

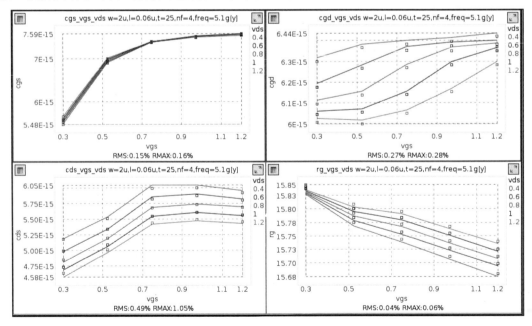

图 8.33　各个寄生参数在不同 V_{DS} 下随 V_{GS} 变化的曲线

（6）绘制不同偏置下，器件 S 参数的测试数据与模型仿真结果的对比图，从图 8.34 中可以看出，模型仿真结果与测试数据基本吻合，从而验证了上述模型参数提取方法的有效性和准确性。

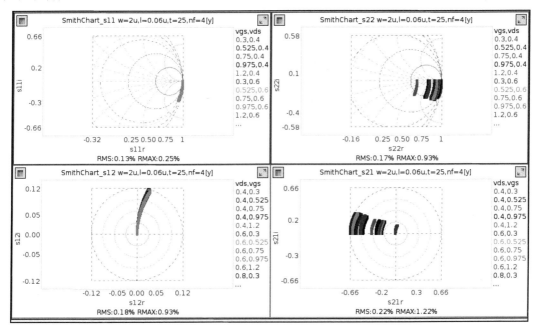

图 8.34　器件 S 参数的测试数据与模型仿真结果的对比图

8.4　射频 MOSFET 衬底阻抗网络参数的提取

8.4.1　射频 MOSFET 衬底阻抗网络参数的提取方法

当器件处于零偏状态时，等效电路相比有偏置时更加简单。当频率低于 10GHz 时，漏极、源极电阻和跨导可以忽略。去掉 R_S、R_D 和 R_G 后，处于零偏状态下的 MOSFET 等效电路图如图 8.35 所示。

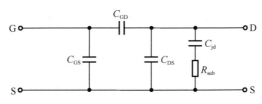

图 8.35　零偏状态下的 MOSFET 等效电路图

C_{jd}、R_{sub} 可以通过 Z 参数来提取，具体关系如式（8-37）所示。可见，$\omega^2/\mathrm{Re}(1/Z_{22})$ 与 ω^2 构成线性函数关系，R_{sub} 为线性函数的斜率，C_{jd} 可以通过线性函数的斜率与截距求解获得[6]。

$$\frac{\omega^2}{\mathrm{Re}(Z_{22})} = R_{\mathrm{sub}}\omega^2 + \frac{1}{C_{\mathrm{jd}}^2 R_{\mathrm{sub}}} \tag{8-37}$$

8.4.2　利用 XModel 提取衬底阻抗网络参数

接下来，介绍利用 XModel 提取衬底阻抗网络参数的主要步骤。

（1）绘制不同偏置条件下 $\omega^2/\mathrm{Re}(1/Z_{22})$ 随 ω^2 变化的曲线，绘图设置如图 8.36 所示，其中，w2 为 ω^2，w3 为 $\omega^2/\mathrm{Re}(1/Z_{22})$。

图 8.36　绘图设置

（2）调节参数使测试数据与模型仿真结果相吻合，如图 8.37 所示。

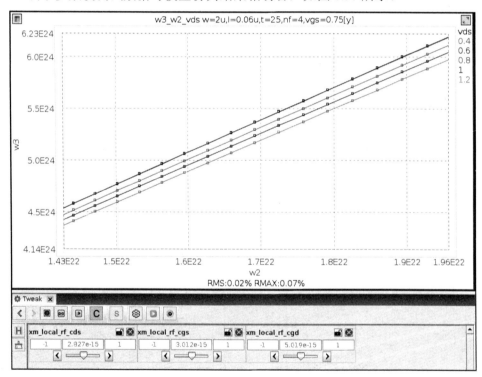

图 8.37　$\omega^2/\mathrm{Re}(1/Z_{22})$ 随 ω^2 变化曲线的测试数据与模型仿真结果

（3）R_{sub} 可由曲线的斜率得到，C_{jd} 可以通过式（8-38）求出，其中 b 代表曲线在纵轴上的截距。

$$C_{\mathrm{jd}} = \frac{1}{\sqrt{bR_{\mathrm{sub}}}} \tag{8-38}$$

8.5　射频 MOSFET 噪声参数的提取

8.5.1　噪声理论

噪声因子（F）为输入信号与输出信号的信噪比（SNR）的比值。

$$F = (S_i/N_i)/(S_o/N_o) \tag{8-39}$$

二端口网络的噪声系数（NF）可以用式（8-40）和式（8-41）来表示，其中，NF_{min} 为最小噪声系数，G_{opt} 和 B_{opt} 为达到最小噪声系数时输入源导纳的实部和虚部，R_n 为最佳噪声电阻[9]。

$$NF = 10\lg F \tag{8-40}$$

$$NF = NF_{min} + \frac{R_n}{G_s}[(G_s - G_{opt})^2 + (B_s - B_{opt})^2] \tag{8-41}$$

按照噪声的产生机制，MOSFET 的噪声主要包括热噪声、散粒噪声、闪烁噪声（$1/f$ 噪声）及产生-复合噪声等。其中，闪烁噪声与 Si-SiO$_2$ 界面的清洁程度及 CMOS 工艺的差异等因素相关，其平均功率不容易被预测；产生-复合噪声来源于器件自身的噪声，是由载流子的产生与复合随机引起的平均载流子浓度的起伏形成的噪声。闪烁噪声与产生-复合噪声均属于低频噪声。在高频段，MOSFET 的主要噪声为热噪声和散粒噪声。

按照噪声的产生源，可以将 MOSFET 的噪声分为本征噪声和寄生噪声，本征噪声主要包括器件内部的栅极感应噪声、漏极沟道噪声以及两者之间的相关噪声，寄生噪声主要是寄生电阻产生的热噪声。

MOSFET 噪声等效电路模型是在小信号等效电路的基础上增加 8 个噪声电流源或电压源构建的，如图 8.38 所示[7,8]。区域 I 中的 e^2_{pg}、e^2_{pd} 为焊盘和串联寄生电阻引起的热噪声。区域 II 中的 e^2_{sub} 为衬底寄生电阻引起的热噪声。区域 III 中有本征部分的漏极沟道热噪声 i^2_{DS} 和感应栅极噪声 e^2_{GS}，根据 Pospieszalski 温度噪声模型进行建模，它们的数学模型为式（8-42）和式（8-43），其中，k 为玻尔兹曼常数，Δf 为频率变化量，$\overline{e^2_{GS}}$ 为感应栅极噪声的模值，$\overline{i^2_{GS}}$ 为源漏之间沟道热噪声的模值，R_{GS} 为沿着沟道的本征分布电阻，T_g 和 T_d 分别为本征电阻 R_{GS} 和漏极输出电导 g_{DS} 的等效噪声温度[10]。

$$\overline{e^2_{GS}} = 4kT_g R_{GS}\Delta f \tag{8-42}$$

$$\overline{i^2_{DS}} = 4kT_d g_{DS}\Delta f \tag{8-43}$$

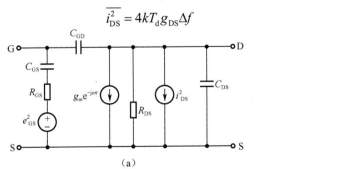

(a)

图 8.38　MOSFET 噪声等效电路模型

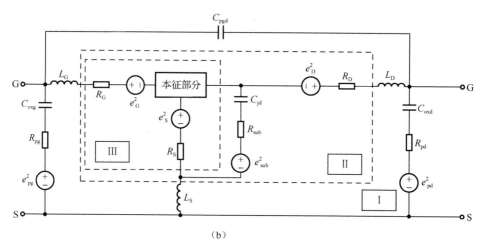

（b）

图 8.38 MOSFET 噪声等效电路模型（续）

8.5.2 噪声去嵌

由于测得的噪声参数 $\mathrm{NF_{min}}$、R_{n}、Y_{opt} 包含了焊盘和互连线等外围寄生元件的影响，为了得到晶体管的本征噪声参数，需要对测得的噪声参数进行去嵌处理，具体步骤如下[11]。

（1）测量被测器件 DUT 和 OPEN 测试结构的 S 参数 S^{DUT} 和 S^{OPEN}，并转化为对应的 Y 参数 Y^{DUT} 和 Y^{OPEN}。

（2）测量噪声参数，计算噪声相关矩阵 $C_{\mathrm{A}}^{\mathrm{DUT}}$。

$$C_{\mathrm{A}}^{\mathrm{DUT}} = 2kT \begin{bmatrix} R_{\mathrm{n}}^{\mathrm{DUT}} & \dfrac{\mathrm{NF}_{\mathrm{min}}^{\mathrm{DUT}}-1}{2} - R_{\mathrm{n}}^{\mathrm{DUT}}(Y_{\mathrm{opt}}^{\mathrm{DUT}})* \\ \dfrac{\mathrm{NF}_{\mathrm{min}}^{\mathrm{DUT}}-1}{2} - R_{\mathrm{n}}^{\mathrm{DUT}}Y_{\mathrm{opt}}^{\mathrm{DUT}} & R_{\mathrm{n}}^{\mathrm{DUT}}\left|Y_{\mathrm{opt}}^{\mathrm{DUT}}\right|^2 \end{bmatrix} \tag{8-44}$$

（3）将矩阵 $C_{\mathrm{A}}^{\mathrm{DUT}}$ 转化为 $C_{\mathrm{Y}}^{\mathrm{DUT}}$，其中 φ 表示厄米共轭。

$$C_{\mathrm{Y}}^{\mathrm{DUT}} = T^{\mathrm{DUT}} \cdot C_{\mathrm{A}}^{\mathrm{DUT}} \cdot (T^{\mathrm{DUT}})^{\varphi} \tag{8-45}$$

（4）计算 $C_{\mathrm{Y}}^{\mathrm{OPEN}}$。

$$C_{\mathrm{Y}}^{\mathrm{OPEN}} = 2kT\mathrm{Re}(Y^{\mathrm{OPEN}}) \tag{8-46}$$

（5）去掉并联寄生效应。

$$Y_{\mathrm{L}}^{\mathrm{DUT}} = Y^{\mathrm{DUT}} - Y^{\mathrm{OPEN}} \tag{8-47}$$

（6）对 $C_{\mathrm{Y}}^{\mathrm{DUT}}$ 去嵌。

$$C_{\mathrm{YL}}^{\mathrm{DUT}} = C_{\mathrm{Y}}^{\mathrm{DUT}} - C_{\mathrm{Y}}^{\mathrm{OPEN}} \tag{8-48}$$

（7）将 $Y_{\mathrm{L}}^{\mathrm{DUT}}$ 转化为级联矩阵 A，将 $C_{\mathrm{YL}}^{\mathrm{DUT}}$ 转化为 C_{A}。

（8）计算器件的本征网络噪声参数。

$$\mathrm{NF}_{\mathrm{min}} = 1 + \frac{1}{kT}\mathrm{Re}(C_{\mathrm{A}12}) + \sqrt{C_{\mathrm{A}11}C_{\mathrm{A}12} - \mathrm{Im}(C_{\mathrm{A}12})^2} \tag{8-49}$$

$$Y_{\mathrm{opt}} = \frac{\sqrt{C_{\mathrm{A}11}C_{\mathrm{A}12} - \mathrm{Im}(C_{\mathrm{A}12})^2} + \mathrm{iIm}(C_{\mathrm{A}12})}{C_{\mathrm{A}11}} \tag{8-50}$$

$$R_n = \frac{C_{A11}}{2kT} \tag{8-51}$$

8.5.3　噪声参数推导

由相关噪声仪器测得的参数为最小噪声系数 $\mathrm{NF_{min}}$、最佳噪声电阻 R_n 和最佳源导纳 Y_{opt}，它们是决定噪声因子 F 的重要参数。$\mathrm{NF_{min}}$ 和 Y_{opt} 的计算关系见式（8-52）和式（8-53）。其中，G_S 和 G_{opt} 分别为源电导和最佳源电导，B_S 和 B_{opt} 分别为源电纳和最佳源电纳。

$$\mathrm{NF_{min}} = \mathrm{NF} \frac{R_n}{G_S(G_{opt}^2 + B_{opt}^2)_{min}} \tag{8-52}$$

$$Y_{opt} = G_{opt} + jB_{opt} \tag{8-53}$$

根据图 8.38 所示，$C_{gg}=C_{gs}+C_{gd}$，MOSFET 的本征噪声 Y 参数为

$$\boldsymbol{Y} = \begin{bmatrix} \dfrac{j\omega C_{gg}}{1 + j\omega C_{gg}R_G} & -\dfrac{j\omega C_{GD}}{1 + j\omega C_{gg}R_G} \\ \dfrac{g_m - j\omega C_{GD}}{1 + j\omega C_{gg}R_G} & \dfrac{1}{R_{DS}} + j\omega C_{GD} + \dfrac{(g_m - j\omega C_{gg}) \times j\omega C_{GD}R_G}{1 + j\omega C_{gg}R_G} \end{bmatrix} \tag{8-54}$$

二端口网络的噪声相关矩阵可表示为[12]

$$C_{11} = \frac{\overline{v_n^2}}{4kT\Delta f} = n\frac{S_{iG}}{4kT}R_{GS}^2 + R_{GS} + \frac{S_{iD}}{4kT|Y_{21}|^2} \tag{8-55}$$

$$C_{12} = C_{21}^* = \frac{Y_{11}S_{iD}}{4kT|Y_{21}|^2} + n\frac{S_{iG}}{4kT}R_{GS} \tag{8-56}$$

$$C_{22} = \frac{\overline{i_n^2}}{4kT\Delta f} = \frac{|Y_{11}|^2 S_{iD}}{4kT|Y_{21}|^2} + n\frac{S_{iG}}{4kT} \tag{8-57}$$

其中，S_{iG} 是 MOSFET 感应栅极噪声的功率谱密度，$S_{iG} = 4kT\eta(\omega C_{GS})^2/g_m$，$\eta$ 为感应栅极噪声系数；S_{iD} 是 MOSFET 感应漏极噪声的功率谱密度，$S_{iD} = 4kTI\left(\dfrac{1}{V_{Dsat}} + \dfrac{K^2 V_{Dsat}}{3V_{G0}^2}\right)$，为行文简洁，将括号内的表达式定义为 β_s，则 $S_{iD} = 4kTI\beta_s$；n 为 0 或 1，分别表示忽略或包含栅极诱导噪声；K 为体效应因子，参见 1.3.1 节；I 为沟道中的漂移电流；$\overline{v_n^2}$ 和 $\overline{i_n^2}$ 分别为沟道中的电压噪声和电流噪声大小。

噪声参数和噪声相关矩阵的关系可表示为

$$R_n = R_G + \frac{\beta_s I}{|Y_{21}|^2} \tag{8-58}$$

$$G_{opt} = \frac{|Y_{11}||Y_{21}|\sqrt{\beta_s I R_G}}{\beta_s I + R_G|Y_{21}|^2} \tag{8-59}$$

$$B_{opt} = -\frac{\omega \beta_s I C_{gg}}{\beta_s I + R_G|Y_{21}|^2} \tag{8-60}$$

$$\mathrm{NF_{min}} = 1 + 2\left(\frac{f}{f_{\mathrm{T}}}\right)\sqrt{\beta_{\mathrm{s}} IR_{\mathrm{G}}}\left[1 + \left(\frac{f}{f_{\mathrm{T}}}\right)\sqrt{\beta_{\mathrm{s}} IR_{\mathrm{G}}}\right] \tag{8-61}$$

8.5.4　利用 XModel 提取噪声参数的步骤

下面介绍利用 XModel 提取 MOSFET 噪声参数的主要步骤。

（1）导入模型。

单击 🔘 图标，打开"Setup Model"窗口，单击"Load Model"按钮，在工程创建目录下找到路径/Mosfet_Example_user/model/Noise，导入射频 MOSFET 的噪声模型文件，如图 8.39 所示。

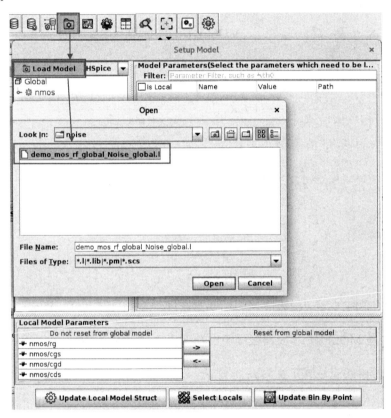

图 8.39　导入模型

（2）提取噪声参数。

在"Setup"标签中选择"deem_noise"选项下的"bias1_noise"选项，将未调参的噪声参数提取结果显示在"Browser"窗口中，如图 8.40 所示。

通过调节参数，使模型仿真结果与测试数据尽量相吻合，如图 8.41 所示。

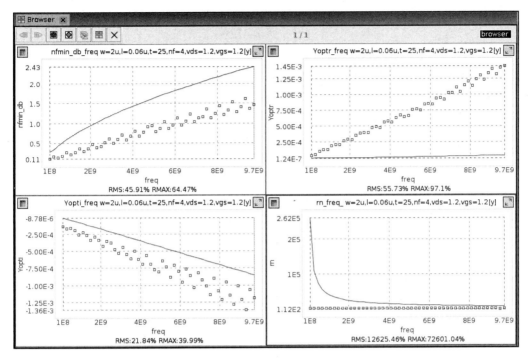

图 8.40　未调参的噪声参数提取结果

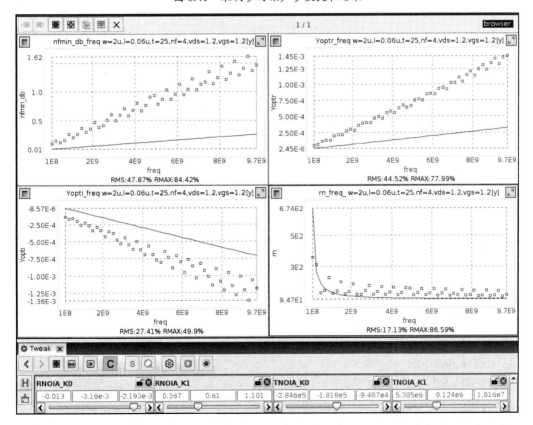

图 8.41　调参后的噪声参数提取结果

习　题

（1）请给出开路-短路去嵌法的主要步骤。

（2）画出 MOSFET 在零偏条件下的等效电路图，并推导寄生电阻和寄生电容的表达式。

（3）简述不同偏置下 MOSFET 寄生参数的提取步骤。

（4）画出 MOSFET 噪声等效电路模型，并解释各种噪声的来源。

（5）列出 MOSFET 噪声系数 NF 与四个噪声参数之间的关系式。

参考文献

[1] WIJNEN P J V. A new straightforward calibration and correction procedure for "on-wafer" high frequency s-parameter measurements (45MHz-18GHz) [C]//Proc. Bipolar/ BiCMOS Circuits and Technology Meeting, Sept. 1987. 1987: 70-73.

[2] Koolen M, Geelen J A M, Versleijen M. An improved de-embedding technique for on-wafer high-frequency characterization[C]//Proc. Bipolar Circuits Technol. Meeting.1991: 188-191.

[3] 张傲，高建军. 硅基射频器件的建模与参数提取[M]. 北京：电子工业出版社，2021: 100-110.

[4] LOVELACE D, COSTA J, CAMILLERI N. Extracting small-signal model parameters of silicon MOSFET transistors[C]//1994 IEEE MTT-S International Microwave Symposium Digest (Cat. No. 94CH3389-4). IEEE, 1994: 865-868.

[5] TORRES-RIOS E, TORRES-TORRES R, VALDOVINOS-FIERRO G, et al. A method to determine the gate bias-dependent and gate bias-independent components of MOSFET series resistance from S-parameters[J]. IEEE transactions on electron devices, 2006, 53(3): 571-573.

[6] LEE S. Accurate RF extraction method for resistances and inductances of sub-0.1 μm CMOS transistors[J]. Electronics Letters, 2005, 41(24): 1.

[7] DEEN M J, CHEN C H, ASGARAN S, et al. High-frequency noise of modern MOSFETs: Compact modeling and measurement issues[J]. IEEE Transactions on Electron Devices, 2006, 53(9): 2062-2081.

[8] SAKALAS P, ZIRATH H G, LITWIN A, et al. Impact of pad and gate parasitics on small-signal and noise modeling of 0.35/spl mu/m gate length MOS transistors[J]. IEEE Transactions on Electron Devices, 2002, 49(5): 871-880.

[9] 钮文良. 高频电子线路[M]. 3 版. 西安：西安电子科技大学出版社，2010.

[10] POSPIESZALSKI M W. Interpreting transistor noise[J]. IEEE Microwave Magazine, 2010, 11(6): 61-69.

[11] HILLBRAND H, RUSSER P. An efficient method for computer aided noise analysis of linear amplifier networks[J]. IEEE transactions on Circuits and Systems, 1976, 23(4): 235-238.

[12] ASGARAN S, DEEN M J, CHEN C H. Analytical modeling of MOSFETs channel noise and noise parameters[J]. IEEE Transactions on Electron Devices, 2004, 51(12): 2109-2114.

第9章

GaN HEMT 及模型介绍

随着半导体器件向低功耗、高转换效率、高密度和小型化等方向的快速发展，传统的第一代和第二代半导体材料受理论极限的制约，所制作的半导体器件面临无法突破的技术瓶颈，迫切需要开发具有更高耐压、更高开关速度和频率的新型半导体器件。以氮化镓（GaN）、碳化硅（SiC）为代表的第三代半导体材料，具有宽禁带、高电子迁移率、高击穿电场的性能以及耐高温和抗辐射的特性，目前已成为国内外研究的热点。在各国的大力支持下，氮化镓基高电子迁移率晶体管（GaN HEMT）技术日趋成熟，已被广泛应用于消费电子、航空航天、工业电子及新能源等领域。

本章首先介绍 GaN HEMT 的材料特性和工作原理，然后详细介绍 GaN HEMT 的模型，并对 GaN HEMT 的直流特性和交流特性进行简要分析，最后分别介绍 GaN HEMT 中的各种二级效应。

9.1 GaN HEMT 的材料特性和工作原理

9.1.1 GaN 异质结的材料特性

由于 GaN 异质结材料具有很强的自发极化（Spontaneous polarization）和压电极化（Piezoelectric polarization）效应，会诱导产生极化电荷，形成很强的内建电场，可调制 AlGaN/GaN 异质结的能带结构，使异质结界面 GaN 一侧的量子阱变窄、变深，进而引发自由电子积聚。由于电子在平行于异质结界面的方向可以自由运动但在垂直于界面的方向运动受限，因此可形成具有高迁移率和高面密度的二维电子气（2DEG），如图 9.1 所示。其中，P_{SP} 为自发极化强度，P_{PE} 为压电极化强度。

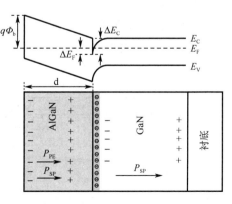

图 9.1 AlGaN/GaN 异质结的能带图

二维电子气的面密度和迁移率与 AlGaN/GaN 异质结的材料结构、极化效应、材料质量等密切相关。为了提高电子迁移率，异质结的沟道一侧通常不掺杂，尽量降低背景电离杂质浓度，减少杂质散射，二维电子气迁移率可达 $2000cm^2V^{-1}s^{-1}$，见表 9.1。氮化镓材料的临界击穿电场和电子饱和速度与其他半导体材料相比均有一定的优势，AlGaN/GaN HEMT 在微波射频器件和功率电子器件等应用领域均具有明显的优势。

表 9.1 常见半导体材料的特性比较

材料特性	Si	GaAs	4H-SiC	GaN
禁带宽度/eV	1.12	1.42	3.25	3.39
电子迁移率/（$cm^2V^{-1}s^{-1}$）	1400	8500	1020	1000 (GaN)/2000 (2DEG)
临界击穿电场/（MV/cm）	0.3	0.4	3.0	3.3
电子饱和速度/（$10^7cm/s$）	1.0	2.0	2.0	2.7
相对介电常数	11.4	13.1	9.7	8.9
热导率/（$Wcm^{-1}K^{-1}$）	1.5	0.5	4.9	2.0
Baliga 优值（高频）	1	11	73	180
Baliga 优值（低频）	1	16	600	1450

9.1.2 GaN HEMT 基本结构和工作原理

典型的 GaN HEMT 器件结构如图 9.2 所示。目前，通常利用金属有机物化学气相淀积法（MOCVD）在蓝宝石、SiC、Si、金刚石或自支撑 GaN 材料等衬底上外延生长氮化物材料。外延材料结构是自下而上生长的，通常在衬底上先生长一层 AlN 成核层，在成核层上生长几个微米厚度的非故意掺杂 GaN 缓冲层，然后生长一层 10～30nm 的 AlGaN 势垒层，形成 AlGaN/GaN 异质结。由于 AlGaN 和 GaN 的禁带宽度不同，在 AlGaN/GaN 异质结靠近 GaN 一侧会形成窄而深的二维量子势阱。氮化物材料的极化作用会在异质结界面处产生净极化正电荷，由于电荷平衡作用会形成面密度高达 $10^{13}cm^{-2}$ 数量级的二维电子气导电沟道。

GaN HEMT 器件的源极和漏极与异质结中的二维电子气形成欧姆接触。在源漏偏置电压 V_{DS} 的作用下，二维电子气导电沟道中会形成横向电场，使二维电子气沿异质结界面沟道输运，形成漏源电流 I_{DS}。在栅极偏置电压 V_{GS} 的作用下，可控制二维电子气沟道的开启和关断。V_{GS} 作用下的异质结能带结构模型如图 9.3 所示。

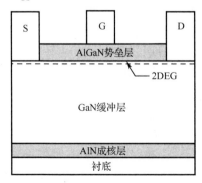

图 9.2 GaN HEMT 器件结构

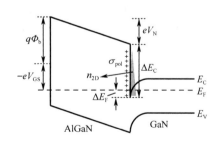

图 9.3 V_{GS} 作用下的异质结能带结构模型

器件阈值电压 V_{TH} 的表达式为

$$V_{TH} = \Phi_b + V_N - \frac{1}{e}\Delta E_c - \frac{\sigma_{pol}}{C_1} \qquad (9\text{-}1)$$

其中

$$V_N = \frac{eN_D}{2\varepsilon_1}d_d^2 \qquad (9\text{-}2)$$

在式（9-1）中，σ_{pol} 是 AlGaN/GaN 界面处由这两种材料压电极化强度 P_{PE} 之差和自发极化强度 P_{SP} 之差引起的总极化电荷密度，Φ_b 是栅极肖特基势垒高度，ΔE_c 是 AlGaN 和 GaN 的导带底在交界面处的带阶，C_1 是栅和沟道之间的单位面积电容，N_D 和 d_d 是 n-AlGaN 层的掺杂浓度和厚度，ε_1 为 AlGaN/GaN 异质结界面 AlGaN 侧的介电常数，n_{2D} 为二维电子气面密度。

栅宽 50μm 的单指栅 GaN HEMT 典型的输出特性和转移特性曲线分别如图 9.4（a）和 9.4（b）所示。在图 9.4（a）中，GaN HEMT 的输出特性可以显示在不同的漏源电压（V_{DS}）下，器件的漏极电流是否进入了饱和区域。在饱和区，I_{DS} 不再随 V_{DS} 的增大而增大，而是趋于稳定值；可以了解器件在不同电压下的动态范围，观察器件能够提供的最大输出功率和最小失真的范围；输出特性曲线还可以反映 GaN HEMT 的输出导纳，即输出电流与输出电压之间的关系，有助于了解器件的输出阻抗和电流驱动能力。在图 9.4（b）中，在直流偏置条件下，转移特性展现了 I_{DS} 与 V_{GS} 之间的关系，可以反映器件栅极调控能力的强弱和真实的物理效应，在器件提参中有着重要作用。通过分析转移特性曲线，可以确定 GaN HEMT 的阈值电压，帮助工程师选择适当的栅极电压来实现所需的输出电流和增益，对转移特性求一阶导数可以得到器件的跨导；可以了解器件的负反馈特性和放大特性，有助于设计放大器和其他电路，实现所需的放大功能。

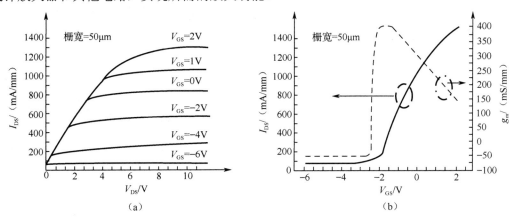

图 9.4 GaN HEMT 典型的特性曲线：（a）输出特性；（b）转移特性

9.2 GaN HEMT 模型介绍

9.2.1 GaN HEMT 模型概述

目前，GaN HEMT 在大功率、高耐压和高频率等领域的应用潜力，已得到业界的广泛认可。在利用 GaN HEMT 进行功率器件的设计开发过程中，需要进行准确和可靠的电路仿真分析，电路仿真结果的准确性和收敛性在很大程度上取决于 GaN HEMT 器件模型参数的准确性和可靠性。目前对 GaN HEMT 器件的建模方法主要有三种，分别为基于数值求解的物理基模型、基于测试数据的模型、紧凑型模型（Compact Model）。其中，紧凑型模型将 GaN HEMT 用等效电路表示出来，用元器件模仿器件的物理效应，通过建立电流源和电荷源解析式并结合测试数据，来表征器件性能。紧凑型模型又分为经验基模型和物理基模型，主要区别在于电流源和电荷源解析式的推导方式不同。物理基紧凑型模型是首选的，因为以物理公式为基础的物理基紧凑型模型的主要优点是其拟合参数数量比经验基模型少，模型精度高，易于进行电路仿真。物理基紧凑型模型是基于器件物理方程的，可在一定程度上对没有测试数据时的器件电气特性进行预测，且具有一定的扩展性。

　　CMC（Compact Model Coalition）是一个由众多领先的半导体公司组成的联盟，这些公司包括晶圆代工厂及 EDA、IC 设计和整机电子产品公司。CMC 是行业标准化机构，负责为成员提供与器件技术相关的紧凑型模型。CMC 最早为 CMOS 技术制定了标准模型，后来制定了 SOI、FinFET 和 FDSOI 技术的标准模型。2013 年，CMC 启动了为 GaN HEMT 选择行业标准模型的流程, 邀请了许多在 GaN 紧凑型模型领域的专家学者来参与标准制定, 潜在的 GaN 模型行业标准见表 9.2，包括 ASM-HEMT 模型[1]、MVSG 模型[2]、HSP 模型和 Angelov 模型等。CMC 根据评估标准筛选出进入下一阶段的候选模型。2013 年底，CMC 发布了 GaN HEMT 模型行业标准型号，ASM-HEMT 和 MVSG 模型为 GaN HEMT 紧凑型模型的行业标准。

表 9.2　潜在的 GaN 模型行业标准

模型	受邀研究人员	研究机构
ASM-HEMT/ASM-GaN	Dr. Sourabh Khandelwal	Norwegian University of Science and Technology
MVSG	Dr. Ujwal Radhakrishna	Massachusetts Institute of Technology
HSP	Dr. Patrick Martin	CEA Leti
Angelov	Dr. Itchov Angelov	Chalmers University
HKUST	Dr. M. Chan	HongKong University of Science and Technology
RPI	Dr. M. Shur	Renesselaer Polytechnic Institute
NCSU	Dr. R.Trew	North Carolina State University
UConn	Dr. Anwar	University of Connecticut

　　不同于常规硅沟道 MOSFET 的 BSIM4，ASM-HEMT 模型作为新一代物理基紧凑型模型，具有更好的模型可扩展性，如器件尺寸、几何结构和工作温度等。此外，紧凑型模型具有一定的预测能力，方便设计人员预测器件乃至电路的性能。

9.2.2　ASM-HEMT 紧凑型模型的结构

　　从用户的角度来看，紧凑型模型可被视为一个黑盒子。ASM-HEMT 紧凑型模型的用户级视图如图 9.5 所示，模型的输入是偏压、温度和模型参数，模型的输出是器件的终端电流、电容、噪声和非线性行为。偏置电压是施加到 GaN 器件栅极、漏极、源极和衬底的电压。模型参数分为器件几何参数、模型配置参数、器件物理参数和平滑模型参数四类。

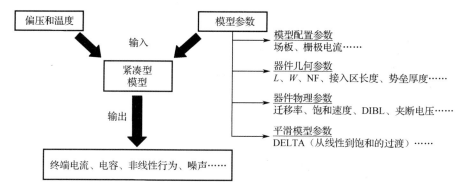

图 9.5　ASM-HEMT 紧凑型模型的用户级视图

ASM-HEMT 紧凑型模型是为射频及功率器件的应用而量身定做的，是基于表面势的物理基模型。其核心思想是首先求解薛定谔方程和泊松方程，推导 AlGaN/GaN HEMT 器件的表面势，然后建立表面势与栅极偏压的关系，计算得到沟道 2DEG 密度与栅极偏压的关系，最后利用成熟的表面势模型和漂移扩散输运机制，导出在整个工作区域连续可导的核心漏源电流解析模型和终端电荷解析模型。

ASM-HEMT 紧凑型模型的结构如图 9.6 所示，以核心模型为中心平台对器件的大量实验数据进行建模，将各种真实的器件效应适当地纳入核心漏源电流解析模型来表征 AlGaN/GaN HEMT 的真实工作状态[3]，包括速度饱和效应、迁移率场依赖性、亚阈值斜率退化、非线性串联电阻、沟道长度调制效应、漏致势垒降低效应、自热效应和温度依赖性。为准确模拟器件的瞬态和频率响应，电容需要被正确建模。该模型拥有一个器件所有终端电荷的模型，遵循 Ward-Dutton 电荷分配原则，并保持电荷守恒以获得良好的收敛特性。此外，该模型还包括门电流以及 GaN HEMT 中的热和闪烁噪声。终端电荷、栅极电流和噪声的模型也使用相同的计算核心。对于射频器件而言，该模型借助 RC 网络子电路对诱捕效应进行建模。

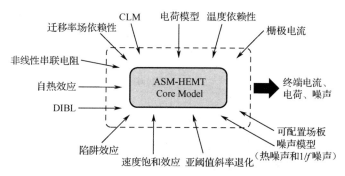

图 9.6　ASM-HEMT 紧凑型模型的结构

9.2.3　GaN HEMT 的直流特性和交流特性

1. GaN HEMT 的电流电压方程

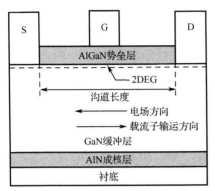

图 9.7　二维电子气输运过程

在 GaN HEMT 两端施加非零偏的漏源电压时，沟道中的 2DEG 会向与电场方向相反的方向运动，如图 9.7 所示。

定义 $\psi = E_F + V_x$（E_F 为费米能级，V_x 为沟道中任意点 x 处的沟道电势），μ 为载流子迁移率，W 为栅宽，Q_{ch} 为每单位面积的沟道电荷量，C_G 为单位面积栅极电容，V_{G0} 为栅极过驱动电压。在渐变沟道近似和漂移扩散模型中，沟道中任意点 x 处的 I_{DS} 可以表示为

$$I_{DS} = -\mu W Q_{ch} \frac{d\psi}{dx} + \mu W V_{TH} \frac{dQ_{ch}}{dx} \tag{9-3}$$

其中

$$Q_{ch} = C_G (V_{G0} - \psi) \tag{9-4}$$

对式（9-3）进行积分，可得到核心漏极电流方程

$$I_{DS} = \frac{W}{L} \mu C_G (V_{G0} - V_m + V_{TH}) V_{DS} \tag{9-5}$$

其中

$$V_m = (V_D + V_S)/2 \tag{9-6}$$

$$V_{DS} = V_D - V_S \tag{9-7}$$

该模型假定器件是理想的，没有考虑自热效应、寄生电阻以及其他的实际器件效应。实际器件效应的建模将在 9.3 节中进行讨论。

2. GaN HEMT 的 C-V 特性

电容是表征器件从导通状态到关断状态转换期间器件能量转换的一个重要物理参数。需要将电荷提供给器件的各个电极以改变电极电压。电荷提供的速度越快，电极电压的变化就越快。

图 9.8 为 GaN HEMT 的电容分布示意图，电容主要有栅源电容 C_{GS}、栅漏电容 C_{GD} 和漏源电容 C_{DS}。C_{GS} 包括栅极金属到源极金属之间的电容和栅极到沟道之间的电容；C_{GD} 是栅极到漏极漂移区之间的电容；C_{DS} 是场板下源极到接触区的电容。设计人员只需计算输入端总的戴维南等效电容（$C_{iss} = C_{GD} + C_{GS}$）或输出端电容（$C_{oss} = C_{GD} + C_{DS}$）。GaN HEMT C-V 模型主要针对上述三个电容进行建模。

器件在不同偏置下工作时，AlGaN 势垒层两侧由于电荷的积累会表现出电容的特性，GaN HEMT 的动态开关特性主要受 C_{GS} 的影响。GaN HEMT 的 C-V 特性曲线能够反映器件栅极调控作用的强弱，C-V 曲线上升越快，即曲线越陡峭，说明栅极调控作用越强。将 C-V 曲线进行积分可以得到 2DEG 面密度随栅极偏压变化的关系。图 9.9 所示为测试频率为 1MHz 时 GaN HEMT 的 C_{GS}-V_{GS} 测试曲线。

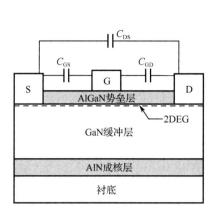

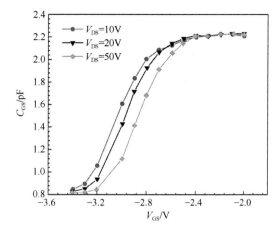

图 9.8　GaN HEMT 的电容分布示意图　　　　　　图 9.9　GaN HEMT 的 C_{GS}-V_{GS} 测试曲线

在分析高速放大器的稳定性和功率晶体管的米勒比时，C_{GD} 非常关键，C_{GD} 随 V_{DS} 的增大而单调减小，如图 9.10 所示。这是因为，随着 V_{DS} 的增大，晶体管沟道中靠近漏极已分布的电荷减少，C_{GD} 减小。漏极电压对沟道电荷的控制作用随着 V_{DS} 的增大而单调地减弱。

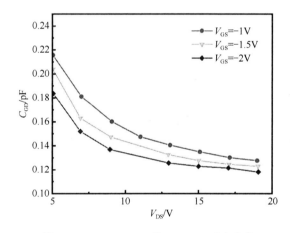

图 9.10　GaN HEMT 的 C_{GD}-V_{DS} 测试曲线

C_{DS} 对匹配网络的设计至关重要，C_{DS} 会随 V_{DS} 的增大而减小，这是因为随着 V_{DS} 的增大，耗尽区宽度会增大。器件中场板的存在也会影响 C_{DS}，场板的存在导致电荷密度在器件的不同区域中发生变化。对于没有场板的器件而言，C_{DS} 随 V_{DS} 的增大而单调减小。对于有场板的器件而言，当 V_{DS} 减小到场板区域的截止电压时，C_{DS} 会随 V_{DS} 的增大而增大。由于 V_{DS} 减小，场板区域充满 2DEG 时，C_{DS} 会增大。

3. GaN HEMT 小信号等效电路模型

跨导 g_m 是 GaN HEMT 器件研究中的关键参数，通常，g_m 越大，栅极电压的控制能力越强。GaN HEMT 小信号等效电路模型如图 9.11 所示。

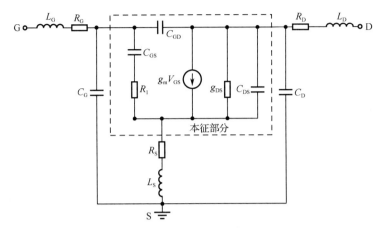

图 9.11　GaN HEMT 小信号等效电路模型

在忽略源极、漏极寄生串联电阻 R_S 和 R_D 等寄生元件时，饱和区的器件本征跨导 g_m^* 为

$$g_m^* = \frac{\partial I_{DS}}{\partial V_{GS}} = \begin{cases} \beta V_{GT} & \text{（长沟器件）} \\ \beta V_L & \text{（短沟器件）} \end{cases} \tag{9-8}$$

根据式（9-8）及跨导的定义可知，通过减小栅长、减小 AlGaN 势垒层厚度、增大沟道载流子迁移率等方法，可以增大 g_m^*。随着沟道长度减小，器件会出现弹道输运和速度过冲效应，因此，当沟道电场 E 增大时，载流子饱和速度会增大，g_m^* 增大。

在考虑 R_S 和 R_D 的实际工作条件下，R_S 上存在电压降，所以栅源间的有效栅压减小，栅控能力降低，g_m 减小，但 g_m 不受 R_D 的影响。g_m 的表达式为

$$g_m = \frac{g_m^*}{1 + R_S g_m^*} \tag{9-9}$$

截止频率 f_T 的定义是，在共源等效电路中，当通过输入电容的电流等于电流源的电流 $g_m V_{GS}$ 时的频率，即电流增益 h_{21} 下降为 1 时的频率。在不考虑寄生元件的情况下有

$$f_T = \frac{g_m^*}{2\pi C_{gg}} \tag{9-10}$$

式中，g_m^* 为本征跨导，$C_{gg}=C_g WL$ 为栅极电容，C_g 为单位面积栅极电容。对于短沟道器件而言，频率极限主要受速度饱和的限制。当沟道长度缩短导致沟道电子的漂移速度饱和时，栅极下电子的渡越时间为 $\tau = L/v_s$，跨导为 $g_m^* = C_g v_s W$，由此可得截止频率为

$$f_T = \frac{1}{2\pi\tau} = \frac{v_s}{2\pi L} \tag{9-11}$$

考虑寄生元件后，f_T 的表达式为

$$f_T = \frac{g_m^*/2\pi}{(C_{GS} + C_{GD})[1 + (R_S + R_D)/R_{DS}] + C_{GD} g_m^* (R_S + R_D)} \tag{9-12}$$

可见，提高 f_T 需要增大跨导、减小栅极电容、减小 R_S 和 R_D，因此，需要提高载流子迁移率、减小栅长、减小源漏间距和欧姆接触电阻。在输入输出匹配时，f_{max} 定义为单向功率增益（UPG）等于 1 时的频率，表达式为

$$f_{max} = \frac{f_T}{2\sqrt{(R_G + R_S + R_I)/R_{DS} + 2\pi f_T R_G C_{GD}}} \tag{9-13}$$

式中，$R_I = \partial V_G / \partial I_G$ 为本征场效应晶体管的输入电阻。在实际中，提高 f_{max} 需要提高 f_T、减小 R_G 和 R_S。

9.3　GaN HEMT 的二级效应

式（9-5）所示的核心漏极电流方程是理想器件的表达式，在推导过程中做了一些假设。事实上，如果没有这些假设，推导漏极电流的解析式也是可行的，但会非常困难。本节通过一系列物理效应模型来分析漏极-源极核心模型。

9.3.1　夹断效应

如图 9.12 所示，在高漏源电压的作用下，2DEG 中的电荷分布不均匀，在栅极靠近漏端的区域电荷密度会变低。因此，影响沟道的有效漏极电压可能会与漏源电压不同，在计算漏极一侧的表面电位时，需要考虑这种影响。

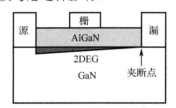

图 9.12　GaN HEMT 模型中沟道夹断效应示意图

9.3.2　速度饱和效应

由于其他晶格原子、杂质或缺陷的存在，当载流子在导电沟道中移动时会发生散射。随着漏源电压的增大，横向电场会增大，载流子漂移速度会增大。然而，载流子漂移速度不会随着漏源电压的增大而一直增大，由于载流子存在散射，载流子漂移速度在一定条件下会趋向饱和，漏源电压的持续增大并不会导致电流进一步增大，即载流子速度饱和效应，如图 9.13 所示。

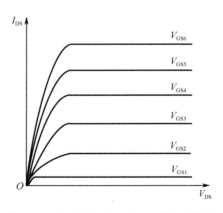

图 9.13　速度饱和效应对 I-V 特性的影响

ASM-HEMT 模型漏极侧表面电位的计算需要考虑载流子速度饱和效应。μ_{eff} 为载流子有效迁移率，$\mu_{eff,sat}$ 为饱和载流子有效迁移率，VSAT 为载流子饱和速度，E_x 为横向电场，速度饱和效应导致的载流子有效迁移率为[4]

$$\mu_{eff,sat} = \frac{\mu_{eff}}{\sqrt{1 + (\mu_{eff}/\text{VSAT} \cdot E_x)^2}} \tag{9-14}$$

可以取 $E_x = (\psi_D - \psi_S)/L = \psi_{DS}/L$，其中 L 为器件沟道长度，从而得到

$$\mu_{\mathrm{eff,sat}} = \frac{\mu_{\mathrm{eff}}}{\sqrt{1 + \mathrm{THESAT}^2 \cdot \psi_{\mathrm{DS}}^2}} \tag{9-15}$$

其中 THESAT=μ_{eff}/VSAT·L。

9.3.3　栅极电流

ASM-HEMT 模型中的栅极接触是栅极金属和势垒层之间形成的肖特基接触。因此，对于栅极电流模型的建模采用两个二极管：栅漏之间的肖特基二极管用于表征栅极到漏极的电流；栅源之间的肖特基二极管用于表征栅极到源极的电流。通常，IGSDIO 和 IGDDIO 分别表示栅源结二极管和栅漏结二极管的饱和电流，nf 表示栅指数量，NJGS 和 NJGD 为二极管电流理想系数，KTGS 和 KTGD 用于拟合二极管反向饱和电流的温度依赖性，K_{B} 是玻尔兹曼常数，TNOM 为参数提取的标称温度，T_{dev} 为器件温度。在栅极反向偏置下，栅极的泄漏电流由三种机制的电流构成：Poole-Frenkel（PF）发射电流、Fowler-Nordheim（FN）隧穿电流和热电子发射电流。栅极的泄漏电流表达式在 ASM-HEMT 模型中建模为

$$I_{\mathrm{GS}} = W \cdot L \cdot \mathrm{nf} \cdot \left[\mathrm{IGSDIO} + \left(\frac{T_{\mathrm{dev}}}{\mathrm{TNOM}} - 1 \right) \cdot \mathrm{KTGS} \right] \cdot$$
$$\left[\exp\left(\frac{V_{\mathrm{GS}}}{\mathrm{NJGS} \cdot K_{\mathrm{B}} \cdot T_{\mathrm{dev}}} \right) - 1 \right] \tag{9-16}$$

$$I_{\mathrm{GD}} = W \cdot L \cdot \mathrm{nf} \cdot \left[\mathrm{IGDDIO} + \left(\frac{T_{\mathrm{dev}}}{\mathrm{TNOM}} - 1 \right) \cdot \mathrm{KTGD} \right] \cdot$$
$$\left[\exp\left(\frac{V_{\mathrm{GD}}}{\mathrm{NJGD} \cdot K_{\mathrm{B}} \cdot T_{\mathrm{dev}}} \right) - 1 \right] \tag{9-17}$$

在该模型中加入栅极电流模型需要使模型开关参数 GATEMOD 等于 1，随后转移特性仿真曲线在高栅压区域会有漏极电流的下降，输出特性仿真曲线在低漏压区域有负电流。这是随着栅压的增大，栅极下的肖特基二极管逐渐开启，栅极泄漏电流增加导致的。

9.3.4　非理想亚阈值斜率效应

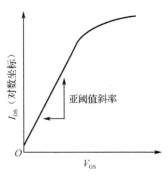

图 9.14　晶体管的亚阈值斜率

I_{DS} 的对数与 V_{GS} 曲线的斜率被称为亚阈值斜率（Sub-threshold Slope），如图 9.14 所示，亚阈值斜率越大意味着泄漏电流越大。器件亚阈状态的性能指标是亚阈值斜率，也就是栅压摆幅。亚阈值斜率的大小与很多因素都有关系，例如影响器件栅极控制能力的因素以及少数载流子注入效率、衬底掺杂浓度、表面态密度、半导体表面电容、温度等。在理想的器件中，亚阈值斜率在室温下是 60mV/decade。对于非理想情况下的亚阈值斜率而言，亚阈值斜率退化因子 α 的表达式为

$$\alpha = 1 + \mathrm{NFACTOR} + \mathrm{CDSCD} \cdot V_{\mathrm{DS}} \tag{9-18}$$

其中，NFACTOR 和 CDSCD 为模型参数。在计算源极和漏极的表面电位时，需要使用亚阈值斜率衰减因子 NFACTOR 来考虑非理想亚阈值斜率效应。NFACTOR 对所有漏源电压下的 I-V 特性曲线均有影响，而 CDSCD 只对高漏源电压下的 I-V 特性曲线有影响。

9.3.5　沟道长度调制效应

随着漏源电压进一步增大，电荷量最小的位置开始向源极方向移动，如图 9.15 所示。随着漏源电压 V_{DS} 增大，沟道和耗尽区交界的夹断点向源极方向移动。沟道长度随 V_{DS} 的增大而减小的变化被称为沟道长度调制效应，沟道长度调制效应减小了器件的有效沟道长度，导致器件的输出电阻变小。假设沟道长度变化量为 ΔL，器件的实际沟道长度 L_{cd} 变为

$$L_{cd} = L_d - \Delta L \tag{9-19}$$

此时，由于存在沟道长度调制效应，$I_{DS,clm}$ 可表示为

$$I_{DS,clm} = I_{DS}[1 + LAMBDA \cdot (V_{DS} - V_{DS,eff})] \tag{9-20}$$

其中，LAMBDA 为沟道长度调制效应参数，$V_{DS,eff}$ 为沟道发生夹断时的漏源电压。

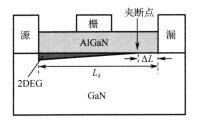

图 9.15　漏源电压对有效沟道长度的调制作用

9.3.6　DIBL 效应

当漏源电压 V_{DS} 增大时，势垒高度会受漏极电压 V_D 的调制，如图 9.16 所示。这将导致截止电压随着漏源电压的变化而变化，即漏致势垒降低（Drain-Induced Barrier Lowering，DIBL）效应。漏源电压对截止电压的影响是非线性的。利用 VDSCALE 模型参数对截止电压随漏源电压的非线性变化进行模拟，截止电压通常会遵循如图 9.17 所示的变化关系，因此，DIBL 效应可以表示为

$$\Delta V_{off,DIBL} = ETA0 \cdot \frac{V_{DS} \cdot VDSCALE}{\sqrt{V_{DS}^2 + VDSCALE^2}} \tag{9-21}$$

其中，ETA0 与 VDSCALE 都是 DIBL 效应参数。

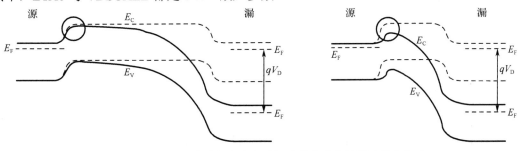

图 9.16　漏源电压的增大会改变源极的势垒高度并影响截止电压

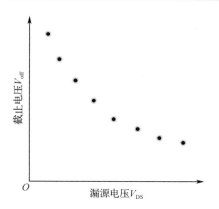

图 9.17 利用 VDSCALE 参数模拟截止电压随漏源电压的非线性变化

9.3.7 陷阱效应

在异质结的 GaN 缓冲层和 AlGaN 势垒层中难免存在缺陷（如杂质或位错），这些缺陷能够俘获电子/空穴，被称为电子/空穴陷阱。当器件处于开关工作状态时，由于这种陷阱具有较深的能级，陷阱释放电子的速度跟不上器件的开关响应速度，会对 2DEG 产生耗尽作用，从而导致输出功率下降。另外，AlGaN 势垒层表面容易吸收空气或工艺过程中的氧，产生受主型缺陷，这些缺陷被称为表面陷阱，既会损害器件的开关性能，也会影响器件的击穿特性。除材料本身的陷阱之外，器件制造加工过程（如凹槽栅刻蚀工艺）也会在刻蚀区域的材料表面引入缺陷和陷阱效应[5]。

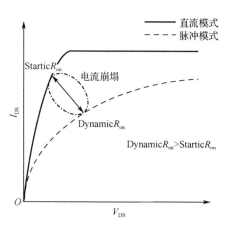

图 9.18 脉冲信号驱动下的 GaN HEMT 电流崩塌效应示意图

陷阱效应是导致 GaN HEMT 多种可靠性问题的重要原因，其中最显著的是电流崩塌（Current Collapse）效应。电流崩塌效应是 GaN HEMT 器件实现产业化面临的一大难题。这一效应是指 GaN HEMT 在动态开关工作状态时（例如在射频或脉冲信号的驱动下），输出电流与直流特性相比明显下降，或动态导通电阻（Dynamic R_{on}）高于静态导通电阻（Static R_{on}），如图 9.18 所示。陷阱效应引起的电流崩塌效应会导致动态导通电阻增大，输出功率密度和功率附加效率均降低，严重制约 GaN HEMT 在高温、大功率、高频开关场景的可靠性。

9.3.8 温度特性

1. 环境温度

基于 GaN HEMT 设计的电路可用于工作温度范围更宽的环境中。商用电子产品的典型工作温度范围为 0～70℃，工业和军事应用的工作温度范围分别为-40～85℃和-55～125℃。为了保证电路在这些工作温度范围内的性能符合应用领域的要求，需要在不同环境温度下进行电路特性的仿真。

TNOM 是 ASM-HEMT 模型中的一个温度模型参数，通常为 25℃。如图 9.19 所示，当环境温度 T 等于 TNOM 时，使用电参数提取模型参数，模型公式可确保不受环境温度的影响；当环境温度 T 不等于 TNOM 时，将引入温度效应，使用热参数提取模型参数。ASM-HEMT 模型中的建模公式为

$$P_T = P_0 \left[1 + \mathrm{TP} \left(\frac{T}{\mathrm{TNOM}} - 1 \right) \right] \tag{9-22}$$

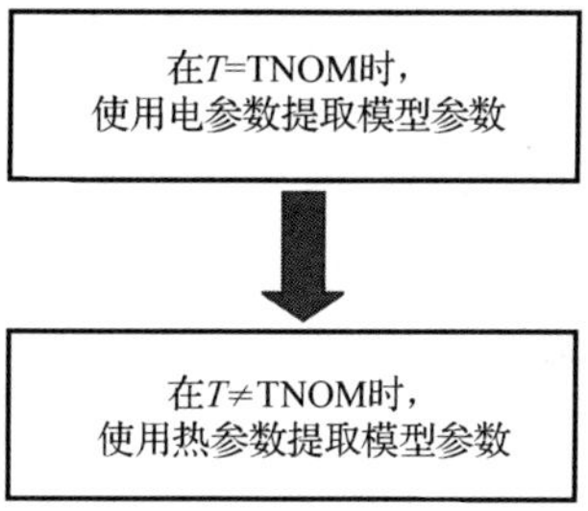

其中，P_T 为环境温度 T 时的参数值，P_0 为标称参数值，TP 为用于捕捉参数 P 的温度依赖性的模型参数。P_0 可视为电模型参数，TP 可视为热模型参数。

在 T=TNOM时，使用电参数提取模型参数

↓

在 T≠TNOM时，使用热参数提取模型参数

图 9.19　使用 ASM-HEMT 模型进行多种环境温度下的参数提取过程

2. 自热效应

当 GaN HEMT 在高漏源电压偏置下工作时，器件温度会明显升高，沟道载流子迁移率会下降，这会降低器件的输出电流增益，甚至可能导致器件击穿。这是由于 AlGaN/GaN HEMT 器件发生了自热效应（Self-heating Effect）[6]。自热效应是指当 GaN HEMT 工作在较大的漏源电压下时，沟道电场增大，热电子会发射大量的纵向光学声子，晶格温度升高，且纵向光学声子在沟道内聚集，阻碍热量耗散，进而导致载流子迁移率下降。自热效应在器件 I_{DS}-V_{DS} 曲线上表现为 I_{DS} 在饱和区随着漏源电压 V_{DS} 的增大而减小[7]，会使栅电极特性发生退化，引起器件性能降低等问题[8]。自热效应也会导致器件的输出跨导和功率附加效率（PAE）均降低，比较严重的自热效应可能会对器件产生严重影响，甚至导致器件损坏或烧毁，因此对器件自热效应进行建模非常重要。

自热效应取决于外加偏置工作条件，器件耗散功率的表达式为

$$P_d = V_{DS} I_{DS} \tag{9-23}$$

可仅考虑漏源电流，因为通常漏源电流显著大于栅极电流。自热效应的热模型采用 RC 网络方法建模，热时间常数可由热阻（R_{th}）和热电容（C_{th}）组合而成。图 9.20 所示是自热效应的热模型和 ASM 模型之间的关系，二者构成全自洽 ASM-GaN 模型。热阻可模拟静态温升或直流条件下的温升。热电容用于捕捉自热效应的动态性质。如果器件的功率耗散持续时间小于热时间常数，则器件的局部温度不会升高。

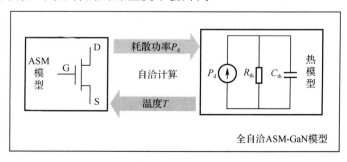

图 9.20　全自洽 ASM-GaN 模型示意图

自热效应的建模主要有热子电路模型和经验公式两种方式。当器件的自热效应比较明显时，在温度上表现为 GaN HEMT 自身的温度 T_{dev} 大于环境温度 T_{ambient}，可以表示为

$$T_{\text{dev}} = T_{\text{ambient}} + \Delta T \tag{9-24}$$

其中，ΔT 为自身温度与环境温度的差值，也就是自热效应使 GaN HEMT 沟道温度升高的部分。$\Delta T = R_{\text{TH}} I_{\text{DS}} V_{\text{DS}}$。$R_{\text{TH}}$ 为热阻，单位为 K/W。利用热子电路模型描述器件自热效应的温度变化 ΔT，再将其反馈到 $I\text{-}V$ 方程中即可完成对 GaN HEMT 自热效应的表征。

习　　题

（1）与 ASM-HEMT 模型相比，MVSG-HEMT 模型有什么特点？

（2）GaN HEMT 具有高频和高功率密度特性的原因是什么？

（3）为什么 GaN HEMT 通常为耗尽型器件，目前实现增强型 GaN HEMT 的方法有哪些？

（4）GaN 外延片衬底有哪几种，各自的优势、劣势有哪些？

（5）与理想特性相比，GaN HEMT 自热效应对输出特性有哪些改变？

（6）GaN HEMT 电流崩塌效应的机理是什么，如何降低其影响？

参考文献

[1] KHANDELWAL S, GHOSH S, CHAUHAN Y S, et a1. Surface-potential-based RF large signal model for gallium nitride HEMTs[C]//2015 IEEE Compound Semiconductor Integrated Circuit Symposium(CSICS). New York: IEEE, 2015: 1-4.

[2] RADHAKRISHNA U, PIEDRA D, ZHANG Y, et a1. High voltage GaN HEMT compact model：Experimental verification, field plate optimization and charge trapping[C]//2013 IEEE International Electron Devices Meeting. New York: IEEE, 2013: 32.7.1-32.7.4.

[3] 钱伟强. 高功率 GaN HEMT 器件建模研究[D]. 合肥：中国科学技术大学，2015.

[4] KHANDELWAL S. Advanced SPICE Model for GaN HEMTs (ASM-HEMT)—A New Industry-Standard Compact Model for GaN-based Power and RF Circuit Design[M]. Switzerland: Springer Nature, 2022.

[5] 章晋汉. GaN 功率器件与 CMOS 工艺兼容技术及可靠性研究[D]. 成都：电子科技大学，2018.

[6] CHENG X, MIAO L, YAN W. An analytical model for current-voltage characteristics of AlGaN/GaNHEMT in presence of self-heating effect[J]. Solid State Electronics, 2010, 54(1):42-47.

[7] 徐跃杭，徐锐敏，李言荣. 微波氮化镓功率器件等效电路建模理论与技术[M]. 北京：科学出版社，2017: 26-73.

[8] DU X, DHAR S K, JARNDAL A, et al. Reliable parameter extraction of asymmetric GaN-based heterojunction field effect transistors[C]//IEEE, 2018 13th European Microwave Integrated Circuits Conference (EuMIC), Madrid, Spain, 2018, pp. 138-141.

第 10 章

基于 XModel 的 GaN HEMT 功率模型参数提取实验

前面的章节对 GaN HEMT 的基本结构、工作原理、器件模型等进行了全面的介绍。由于 GaN 具有更大的禁带宽度、更高的击穿电场、更高的电子饱和速率及更优的抗辐照能力等特点，目前 GaN HEMT 主要应用于微波射频功率器件和电力电子功率器件这两大领域。由于用于微波射频功率器件和电力电子功率器件的 GaN HEMT 设计要求不同，关键工艺也存在一定的差异，因此这两种不同类型 GaN HEMT 的器件建模测试方案、模型参数提取方法也不同。

本章将介绍 GaN HEMT 电力电子功率器件的建模测试方案，以及基于 XModel 软件的 ASM-HEMT 模型的器件 *I-V* 参数、器件电容参数、温度特性参数的提取原理和步骤。

10.1　GaN HEMT 功率器件建模测试方案

当 GaN HEMT 芯片的设计和流片完成后，需要进行器件特性测试。测试平台主要包括半导体特性参数分析仪（如 Keysight B1505）、半导体测试探针台以及变温测试系统。将测试探针的一端与被测器件的焊区连接，另一端与半导体特性参数分析仪的端口连接。根据不同的测试内容设置测试方法和参数，进行特性测试并收集数据。对于 GaN HEMT 功率器件而言，建模测试主要包括 *I-V* 测试、*C-V* 测试和温度特性测试。

10.1.1　直流特性测试

器件直流特性（*I-V*）测试主要包括输出特性和转移特性测试。

转移特性曲线测试的偏置条件：漏源电压设置为 0.5～4.5V，每隔 0.4V 测一次转移特性曲线，共测 11 条转移特性曲线；栅源电压从-5V 扫描到 5V，得到漏极电流与栅源电压之间的转移特性。

输出特性曲线测试的偏置条件：栅源电压设置为-3.5～3.5V，每隔 0.5V 测一次输出特性曲线，共测 14 条输出特性曲线；漏源电压从 0V 扫描到 10V，得到漏极电流与漏源电压之间的输出特性。

10.1.2 电容-电压特性测试

电容-电压(C-V)特性测试主要包括 C_{gg}-V_{GS} 测试、C_{rss}-V_{DS} 测试、C_{iss}-V_{DS} 测试和 C_{oss}-V_{DS} 测试。在测试 C-V 特性时,需要引入 Keysight N1260A 夹具,将 Keysight B1505 的 MFCMU 高电位端口(Hp)、高电流端口(Hc)、低电位端口(Lp)和低电流端口(Lc)分别与 N1260A 对应的输入端口相连,输出端口则分别为高电位电容测试信号源(CMH)、低电位电容测试信号源(CML)和交流地信号源(AC Guard)。通常,C-V 测试主要包括以下四组特性曲线。

C_{gg}-V_{GS} 曲线。将漏极和源极短接并接入 CML 端口,栅极接入 CMH 端口。V_{GS} 从-10V 扫描到 10V,可获得栅极电容 C_{gg} 与栅源电压 V_{GS} 之间的特性曲线。

C_{rss}-V_{DS} 曲线。将栅极接入 CML 端口,漏极接入 CMH 端口,源极接入 AC Guard 端口。V_{DS} 从 0V 扫描至 500V,可获得本征电容 C_{rss} 与漏源电压 V_{DS} 之间的特性曲线。

C_{iss}-V_{DS} 曲线。将 N1260A 的 HV 端口接地,栅极接入 CML 端口,源极接入 CMH 端口,漏极接入 B1505A 的 HVSMU 端口,并在漏极和 HVSUM 端口之间串联一个 100kΩ 的电阻,使用一个较大的电容(远大于皮法级别)连接在漏极和源极之间。V_{DS} 从 0V 扫描至 500V,可得到输入电容 C_{iss} 与漏源电压 V_{DS} 之间的特性曲线。

C_{oss}-V_{DS} 曲线。将栅极和源极短接并接入 CML 端口,漏极接入 CMH 端口。V_{DS} 从 0V 扫描至 500V,可得到输出电容 C_{oss} 与漏源电压 V_{DS} 之间的特性曲线。

10.1.3 温度特性测试

前述的器件特性测试通常在室温(25℃)下进行,为了提取与温度特性相关的器件模型参数,还需要在不同温度下对器件的 I-V 特性进行测试。本节在温度为 55℃和 120℃的工作条件下,分别测试 GaN HEMT 的转移特性和输出特性,以获得不同温度条件下的器件特性测试数据。

10.2 基于 ASM-HEMT 模型的 I-V 参数提取

10.2.1 基本工艺参数和模型控制参数的设置

1. 提参前的准备

由于 XModel 内置的 int-spice 仿真器和 fast-spice 仿真器无法识别 ASM-HEMT 模型的 Verilog 语言文件,因此需要从外部调用 HSpice、Spectre、PSpice、Ads、ALPS 等仿真器。首先安装 HSpice 仿真器,从菜单栏单击"Simulate"选项,然后选择"Simulator Setting"对话框,设置 HSpice 仿真器,如图 10.1 所示。

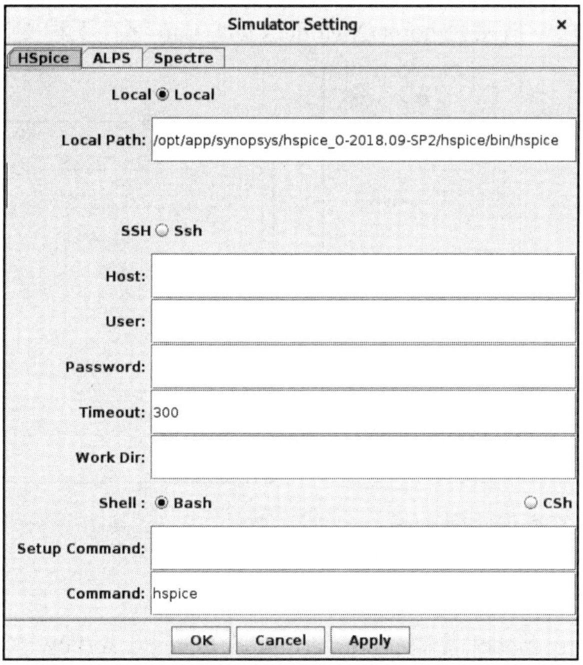

图 10.1　设置 HSpice 仿真器

配置成功后，单击"Simulate"选项，选择"Select Simulator"选项中的 HSpice 仿真器，如图 10.2 所示。

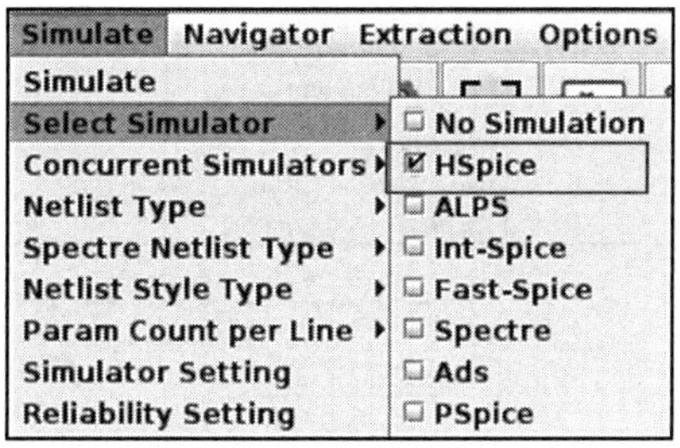

图 10.2　选择 HSpice 仿真器

将 ASM-HEMT 模型的文件 asm_power.va 和 asm_power.l 放在同一文件夹 ASM model 中。检查文件 asm_power.l，在文件的头部加入命令 ".hdl 'asmhemt.va'"，如图 10.3 所示。

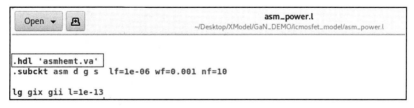

图 10.3　在文件 asm_power.l 中调用 .va 文件

导入 25℃的转移特性和输出特性测试数据，单击菜单栏的"Load Data"图标，打开数据文件，导入数据，如图 10.4 所示。

单击"Save"选项，按路径/home/XModel/GaN_Lab 保存工程文件，如图 10.5 所示。

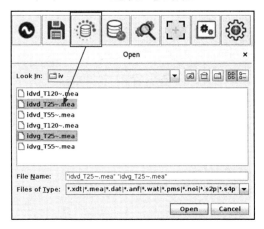 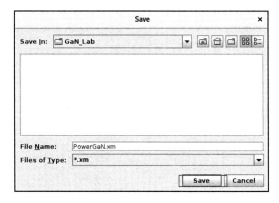

图 10.4　导入 25℃的 *I-V* 测试数据　　　　图 10.5　保存工程文件

2. 设置工艺参数

首先将文件夹 asm_model 复制到/home/XModel/GaN_Lab/PowerGaN.xm 中。然后加载
ASM-HEMT 默认模型文件 asm_power.l，如图 10.6 所示。

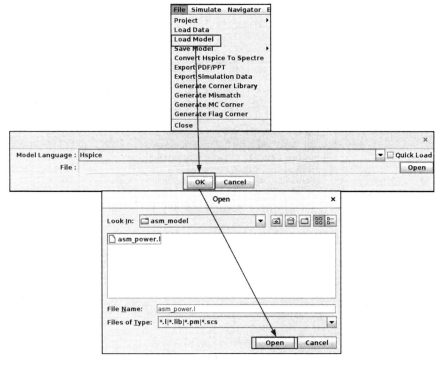

图 10.6　加载 ASM-HEMT 默认模型文件

工艺参数为 GaN 器件制造工艺给定的基本参数，需要在建模提参之前确定。其中参数
L、*W*、nf 在数据文件中设置，所用到的工艺参数如表 10.1 所示。

表 10.1　工艺参数列表

参数	单位	设置参数值	最小值	最大值	参数说明
TNOM	K	300	-	-	常温
TBAR	m	$2.5×10^{-8}$	$1×10^{-10}$	∞	AlGaN 层厚度
L	m	$2.5×10^{-7}$	$2×10^{-8}$	∞	设计栅长
W	m	$2×10^{-4}$	$2×10^{-8}$	∞	设计栅宽
nf	-	1	1	∞	栅指数量
LSG	m	$1×10^{-6}$	0	∞	源区-栅区接入区长度
LDG	m	$1×10^{-6}$	0	∞	漏区-栅区接入区长度
EPSILON	F/m	$1.066×10^{-10}$	0	∞	AlGaN 层的介电常数
GAMMA0I	-	$2.12×10^{-12}$	0	1	薛定谔-泊松方程变量
GAMMA1I	-	$3.73×10^{-12}$	0	1	薛定谔-泊松方程变量

在"Model&Params"窗口的"Tweak"窗口中设置其余参数，如图 10.7 所示。

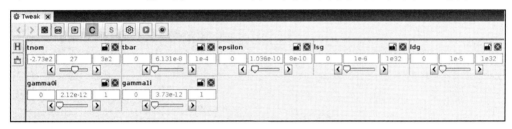

图 10.7　在"Tweak"窗口中设置工艺参数

3. 模型控制参数设置

模型控制参数使用户能够根据不同的器件类型和仿真需求配置模型，包括器件几何模型控制参数和物理模型控制参数等，具体如表 10.2 所示。

表 10.2　模型控制参数列表

参数	默认值	最小值	最大值	描述
RDSMOD	1	0	1	选择接入区的电阻模型。 0：简化。 1：准确
GATEMOD	0	0	1	关闭或打开栅极电流模型。 0：关闭模型。 1：打开模型
SHMOD	1	0	1	关闭或打开自热模型。 0：关闭模型。 1：打开模型

续表

参数	默认值	最小值	最大值	描述
TRAPMOD	0	0	3	选择陷阱模型。 0：关闭。 1：打开 RF 陷阱模型。 2：打开脉冲 *I-V* 陷阱模型
FNMOD	0	0	1	关闭或打开闪烁噪声模型。 0：关闭模型。 1：打开模型
TNMOD	0	0	1	关闭或打开热噪声模型。 0：关闭模型。 1：打开模型
FP1MOD	0	0	2	场板模型 1 选择。 0：没有场板。 1：栅极场板。 2：源极场板
FP2MOD	0	0	2	场板模型 2 选择。 0：没有场板。 1：栅极场板。 2：源极场板
FP3MOD	0	0	2	场板模型 3 选择。 0：没有场板。 1：栅极场板。 2：源极场板
FP4MOD	0	0	2	场板模型 4 选择。 0：没有场板。 1：栅极场板。 2：源极场板
RGATEMOD	1	0	1	关闭或打开栅极电阻。 0：关闭。 1：打开

根据需求选择模型控制参数，并在"Tweak"窗口中进行设置，如图 10.8 所示。

图 10.8 在"Tweak"窗口中设置模型控制参数

对比转移特性曲线和输出特性曲线的仿真数据和测试数据，初始的拟合误差分别为 55.25%、59.3%，分别如图 10.9（a）和（b）所示。

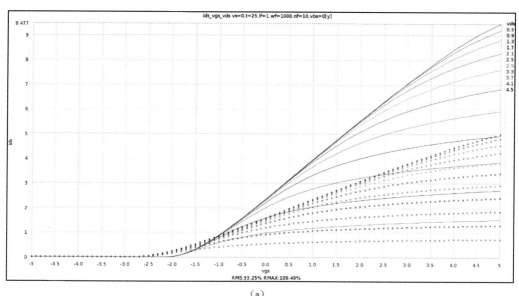

（a）

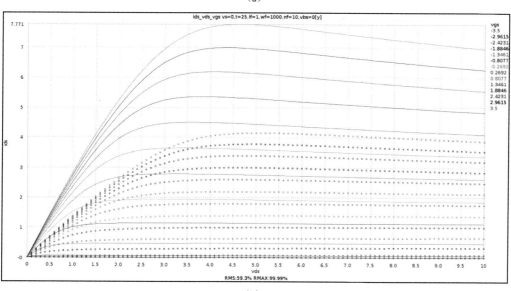

（b）

图 10.9　设置工艺参数和模型控制参数后的 *I-V* 特性：（a）转移特性；（b）输出特性

10.2.2　线性区转移特性的拟合

1. 关断电压和亚阈值区非理想特性的拟合

（1）提参原理。

GaN HEMT 的关断电压 V_{off} 反映了沟道 2DEG 处于耗尽状态时的栅极偏置，VOFF 为 ASM-HEMT 模型中的关断电压参数，调整该参数时要重点关注转移特性中的抬升拐点，即在线性坐标下的转移特性曲线中 I_{DS} 开始上升时对应的 V_{GS}。在对数坐标下的转移特性曲线中，I_{DS} 对 V_{GS} 函数关系的斜率称为亚阈值斜率。在室温下，器件亚阈值斜率的理论值为

60mV/dec。在实际应用中，理论值难以达到。为了拟合实际的亚阈值斜率，引入亚阈值斜率退化因子 α，表示为

$$\alpha = 1 + \text{NFACTOR} + \text{CDSCD} \cdot V_{\text{DS}} \qquad (10\text{-}1)$$

其中，退化因子 NFACTOR 在所有的漏源偏置下都对亚阈值区电流有影响，而退化因子 CDSCD 仅在高漏源偏置时影响较大。CDSCD 会在 10.2.3 节饱和区电流特性拟合中提取[1]。

（2）提参步骤。

首先，取 V_{DS}=0.5V 作为线性区漏源偏置条件，可以得到提参前线性区的转移特性曲线，如图 10.10（a）所示。然后，将关断电压参数 VOFF 置于 "Tweak" 窗口中进行调整，如图 10.11 所示。对线性坐标下的转移特性曲线进行拟合，得到提参后的转移特性曲线，如图 10.10（b）所示。

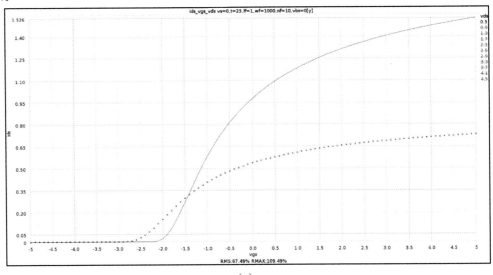

（a）

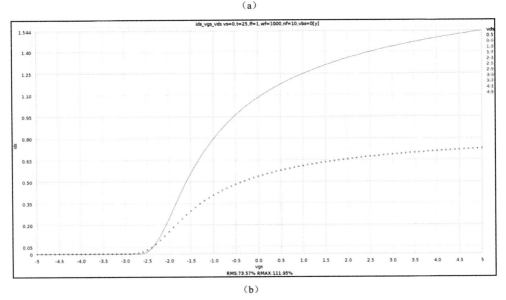

（b）

图 10.10　线性坐标下的线性区转移特性曲线：（a）提参前；（b）提参后

图 10.11　调整参数 VOFF

　　将 VOFF 从默认值 2 调整至 2.46，提参后仿真曲线的上升拐点与测试曲线实现了较好的拟合。先将 NFACTOR 置于"Tweak"窗口中进行调整，拟合对数坐标下的转移特性曲线，提参前的转移特性曲线如图 10.12（a）所示。再将 NFACTOR 从默认值 0.5 调整至 1.556，提参后对数坐标下仿真曲线的斜率与测试曲线实现较好的拟合，如图 10.12（b）所示，拟合误差（RMS）从 7.36% 降低至 3.18%。

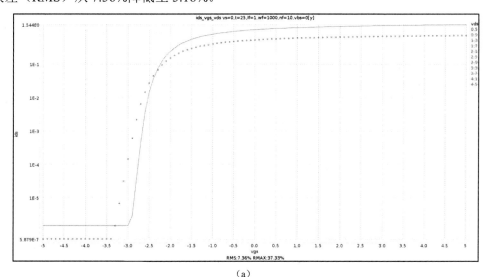

（a）

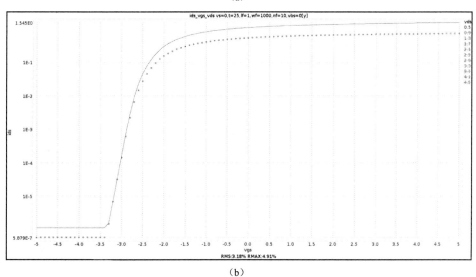

（b）

图 10.12　对数坐标下的线性区转移特性曲线：（a）提参前；（b）提参后

2. 迁移率垂直场依赖性的拟合

（1）提参原理。

随着栅极电压的增大，器件垂直方向的电场会增大。2DEG 受到的垂直场散射作用增强，2DEG 的迁移率下降。在 ASM-HEMT 模型中，对这种效应采用下式来建模分析

$$\mu_{\text{eff}} = \frac{\text{U0}}{1 + \text{UA} \cdot E_{y,\text{eff}} + \text{UB} \cdot E_{y,\text{eff}}^2} \tag{10-2}$$

其中，μ_{eff} 为载流子有效迁移率，$E_{y,\text{eff}}$ 为垂直方向的电场强度，U0 为低电场迁移率，UA 和 UB 都是和垂直场相关的参数。迁移率下降会导致在转移特性曲线中高栅极电压下的漏源电流减小。因此，为了精确提取 U0、UA、UB，应拟合线性区的转移特性、跨导 g_{m}、跨导的一阶微分 g_{m}' 和跨导的二阶微分 g_{m}''。

（2）提参步骤。

将线性坐标下的转移特性曲线、跨导曲线和跨导的一阶微分曲线置于"Browser"窗口中，提参前的曲线，如图 10.13（a）所示。将参数 U0、UA 和 UB 置于"Tweak"窗口中进行调整，得到提参后的曲线，如图 10.13（b）所示。

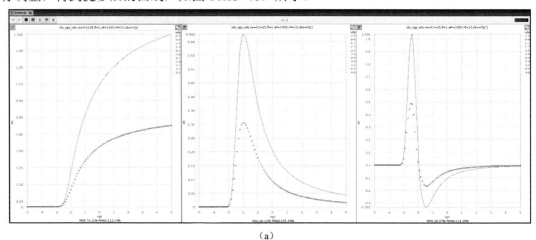

（a）

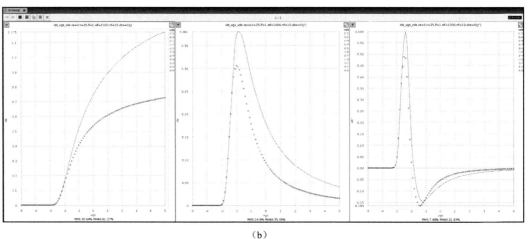

（b）

图 10.13　线性坐标下的线性区转移特性曲线、跨导曲线和跨导一阶微分曲线：（a）提参前；（b）提参后

参数 U0、UA 和 UB 分别从初始的默认值调至 0.09、$1.518×10^{-11}$ 和 $3×10^{-18}$。三种曲线的拟合误差分别从 74.21%、39.11% 和 26.07% 降至 35.64%、18.6% 和 7.48%。拟合精度有了改善，但是在较高的栅极偏置下仍然有很大差距，这是因为沟道外的非线性接入区电阻和金属的欧姆接触电阻的参数没有调整。

3. 非线性接入区电阻特性的拟合

（1）提参原理。

由于在 GaN HEMT 中栅源电极和栅漏电极之间均存在一定的距离，因此在栅极两侧都存在由一定长度的沟道区域形成的接入区。接入区的电阻特性表现为非线性电阻，会影响器件的整体特性[2]。在 ASM-HEMT 模型中，对非线性接入区电阻特性进行了建模，接下来以栅源电极之间非线性接入区电阻 $R_{\text{s,acc}}$ 为例来说明[1]。

$$R_{\text{s,acc}} = \frac{\text{LSG}}{W \cdot \text{nf} \cdot q \cdot \text{NS0ACCS} \cdot \text{U0ACCS}} \left[1 - \left(\frac{I_{\text{DS}}}{I_{\text{sat,acc}}} \right)^{\text{MEXPACCS}} \right]^{\frac{-1}{\text{MEXPACCS}}} \tag{10-3}$$

其中，NS0ACCS、U0ACCS、MEXPACCS 为栅源电极之间非线性接入区电阻的特性参数。

源极接触电阻 R_{sc} 为

$$R_{\text{sc}} = \frac{\text{RSC}}{W \cdot \text{nf}} \tag{10-4}$$

其中，RSC 为源极接触电阻参数，则栅源之间接入区总电阻为

$$R_{\text{s,acc,total}} = R_{\text{sc}} + R_{\text{s,acc}} \tag{10-5}$$

（2）提参步骤。

将参数 RSC、NS0ACCS、U0ACCS、MEXPACCS、RDC、NS0ACCD、U0ACCD、MEXPACCD 置于"Tweak"窗口中，继续对线性坐标下的转移特性曲线、跨导曲线与跨导一阶微分曲线进行拟合，经多次优化后，可获得器件转移特性曲线，如图 10.14 所示。

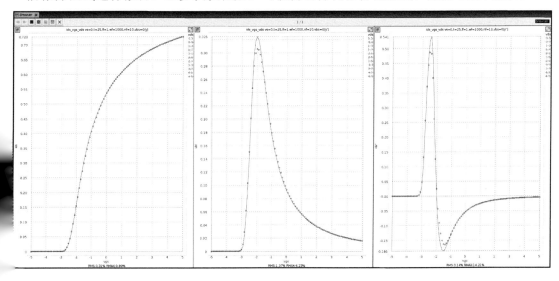

图 10.14　器件转移特性曲线

可以看出，以上三种曲线的拟合误差分别从 35.64%、18.6% 和 7.48% 降至 0.31%、1.37% 和 3.14%。

10.2.3　饱和区电流特性的拟合

1. DIBL 效应的拟合

（1）提参原理。

对于较高的漏极电压而言，电子进入沟道的势垒会受漏极电压的调制，导致关断电压 V_{off} 随着漏源电压的增大而减小。漏源电压与关断电压之间的关系并不是线性的，在 ASM-HEMT 模型中，对这种非线性进行了建模[1]。

$$\Delta V_{off,DIBL} = ETA0 \cdot \frac{V_{DS} \cdot VDSCALE}{\sqrt{V_{DS}^2 + VDSCALE^2}} \tag{10-6}$$

其中，ETA0 与 VDSCALE 都是 DIBL 效应参数。对 DIBL 效应提参时，需要对对数坐标下的饱和区转移特性曲线进行拟合。

（2）提参步骤。

取 V_{DS}=4.5V 作为饱和区的漏源偏置条件，得到饱和区转移特性曲线。将 DIBL 效应参数 ETA0 与 VDSCALE 置于"Tweak"窗口中进行调整，对对数坐标下的转移特性曲线进行拟合。

将提参前的转移特性曲线置于"Browser"窗口中，如图 10.15（a）所示，再将参数 ETA0 与 VDSCALE 分别从初始的默认值调至 0.62 和 1.985。观察仿真曲线的关断电压，直至与测试数据拟合一致，拟合误差从 5.22% 降至 2.56%，如图 10.15（b）所示。

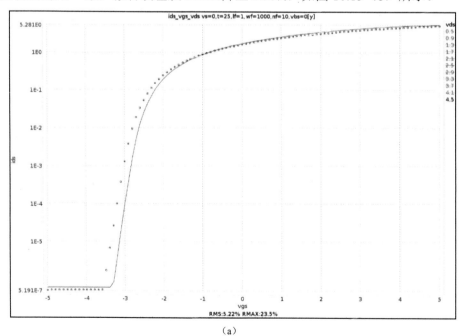

（a）

图 10.15　对数坐标下的饱和区转移特性曲线：（a）提参前；（b）提参后

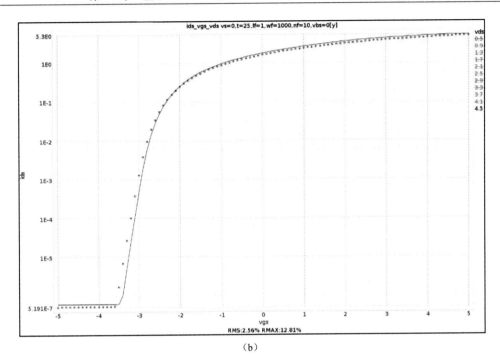

（b）

图 10.15　对数坐标下的饱和区转移特性曲线：（a）提参前；（b）提参后（续）

尽管对线性区亚阈值斜率拟合良好，但由图 10.15（b）可知，仿真曲线的亚阈值斜率与测试数据仍存在较大的误差。可将 CDSCD 置于"Tweak"窗口中，从默认值 0.001 调整至 0.9，此时仿真曲线和测试曲线的拟合误差降至 0.64%，如图 10.16 所示。

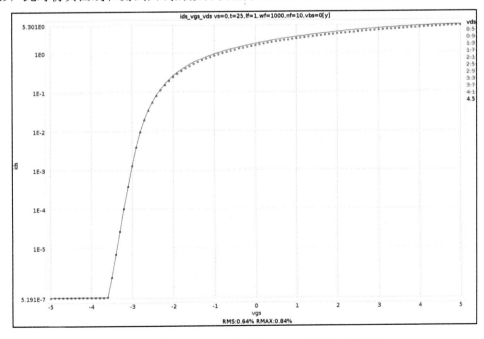

图 10.16　对饱和区亚阈值斜率退化因子提参后的结果

2. 速度饱和效应与沟道长度调制效应的拟合

（1）提参原理。

随着漏源电压 V_{DS} 的增大，横向电场逐渐增大，2DEG 的运动速度加快。然而，在实际情况下 2DEG 的运动速度不会随漏源电压的增大而一直加快。半导体中的晶格、杂质、缺陷等会对 2DEG 产生散射作用[3]。随着 2DEG 运动速度的加快，散射作用加强，因此 2DEG 的运动速度会逐渐达到饱和速度 v_{sat}。此时，V_{DS} 继续增大也不会使漏极电流增大。在 ASM-HEMT 模型中，参数 VSAT 为 2DEG 的饱和速度。

当漏源电压 V_{DS} 较大时，栅下沟道电荷密度最低点会由漏极向源极方向移动，有效沟道长度变短。沟道长度调制效应会引起 I_{DS} 增大。在 ASM-HEMT 模型中，对沟道长度调制效应进行了建模[1]。

$$I_{DS,clm} = I_{DS}[1 + \text{LAMBDA} \cdot (V_{DS} - V_{DS,eff})] \tag{10-7}$$

其中，LAMBDA 为沟道长度调制效应参数，$V_{DS,eff}$ 为沟道发生夹断时的漏源电压。在提取参数 VSAT 和 LAMBDA 时，需要对线性坐标下的输出特性进行拟合。

（2）提参步骤。

将参数 VSAT 和 LAMBDA 置于"Tweak"窗口中进行调整，对输出特性曲线进行拟合，提参前的曲线如图 10.17（a）所示。随着参数 VSAT 从 1.9×10^5 调整至 6×10^4，饱和速度降低，漏极电流减小，器件输出特性曲线的拟合误差由 9.26% 降至 2.43%，如图 10.17（b）所示。但在 V_{DS} 较大时，I_{DS} 仍然偏大，这可能是因为没有准确调整与自热效应或温度相关的特性参数。

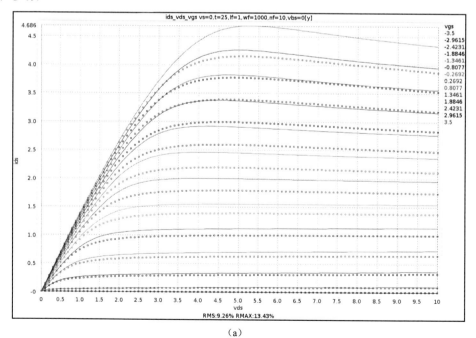

（a）

图 10.17　线性坐标下的饱和区输出特性曲线：（a）提参前；（b）提参后

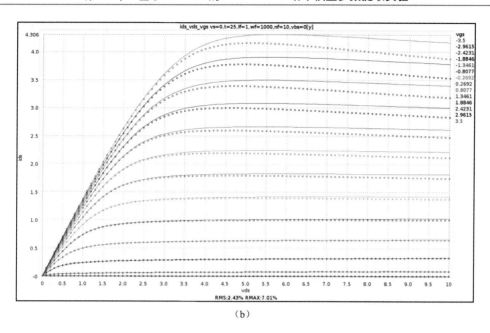

（b）

图 10.17　线性坐标下的饱和区输出特性曲线：（a）提参前；（b）提参后（续）

10.2.4　栅极电流特性的拟合

（1）提参原理。

在 ASM-HEMT 模型中，栅极接触通常是栅极金属和势垒层之间形成的肖特基接触。因此，对栅极电流模型的建模采用两个二极管，分别为栅源肖特基二极管和栅漏肖特基二极管。

在栅极反向偏置下，栅极的泄漏电流主要由三种机制的电流构成：Poole-Frenkel（PF）发射电流、Fowler-Nordheim（FN）隧穿电流[4]和热电子发射电流[5]。在 ASM-HEMT 模型中建模为

$$I_{GS} = W \cdot L \cdot \text{nf} \left[\text{IGSDIO} + \left(\frac{T_{\text{dev}}}{\text{TNOM}} - 1 \right) \cdot \text{KTGS} \right] \left[\exp \left(\frac{V_{GS}}{\text{NJGS} \cdot K_B \cdot T_{\text{dev}}} \right) - 1 \right] \quad （10\text{-}8）$$

$$I_{GD} = W \cdot L \cdot \text{nf} \left[\text{IGDDIO} + \left(\frac{T_{\text{dev}}}{\text{TNOM}} - 1 \right) \cdot \text{KTGD} \right] \left[\exp \left(\frac{V_{GS}}{\text{NJGD} \cdot K_B \cdot T_{\text{dev}}} \right) - 1 \right] \quad （10\text{-}9）$$

其中，IGSDIO 和 IGDDIO 分别表示栅源和栅漏肖特基二极管的反向饱和电流；NJGS 和 NJGD 是二极管的理想因子；KTGS 和 KTGD 用于拟合二极管反向饱和电流的温度依赖性。在模型中加入栅极电流模型需要使模型开关参数 GATEMOD 等于 1，随后，转移特性仿真曲线在高栅压区域会出现漏极电流的减小，输出特性仿真曲线在低漏压区域会出现负电流。这是因为随着栅压增大，栅极下的肖特基二极管逐渐开启，栅极泄漏电流增大。

（2）提参步骤。

将栅极电流参数 IGSDIO、IGDDIO、NJGS、NJGD、KTGS 和 KTGD 置于"Tweak"窗口中，对器件的转移特性曲线和输出特性曲线进行拟合，提参前的曲线如图 10.18（a）所示，提参后的曲线如图 10.18（b）所示。

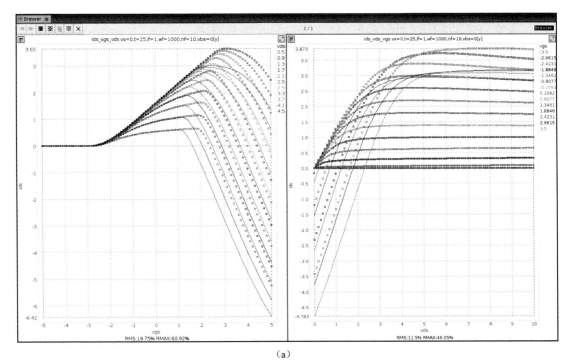

(a)

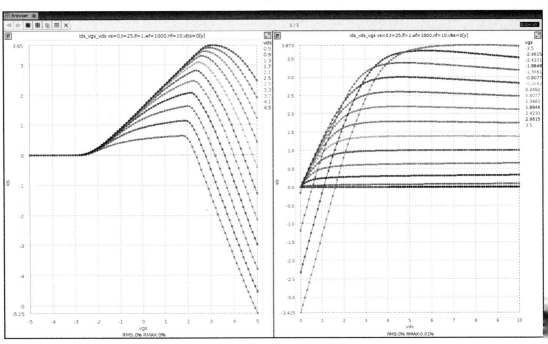

(b)

图 10.18 用于栅极电流特性拟合的转移特性曲线和输出特性曲线：（a）提参前；（b）提参后

10.3　基于 ASM-HEMT 模型的电容参数提取

10.3.1　GaN HEMT 栅极电容特性参数的提取

（1）提参前的准备。

在提取 C-V 特性前，需要在 XModel 中配置"Circuits"和"Navis"，具体操作如下。

单击"Window"菜单，选中"Config"选项，打开"Config"界面，配置电容仿真电路，如图 10.19 所示。

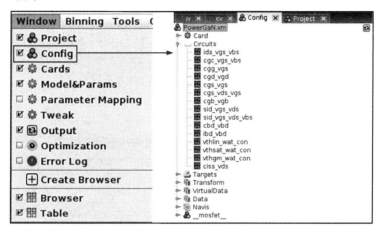

图 10.19　配置电容仿真电路

右击"Circuits"选项，选择"Add-Circuit"，在弹出的对话框中分别配置 C_{gg}-V_{GS}、C_{iss}-V_{DS}、C_{oss}-V_{DS} 与 C_{rss}-V_{DS} 仿真电路程序代码，如图 10.20～图 10.23 所示。

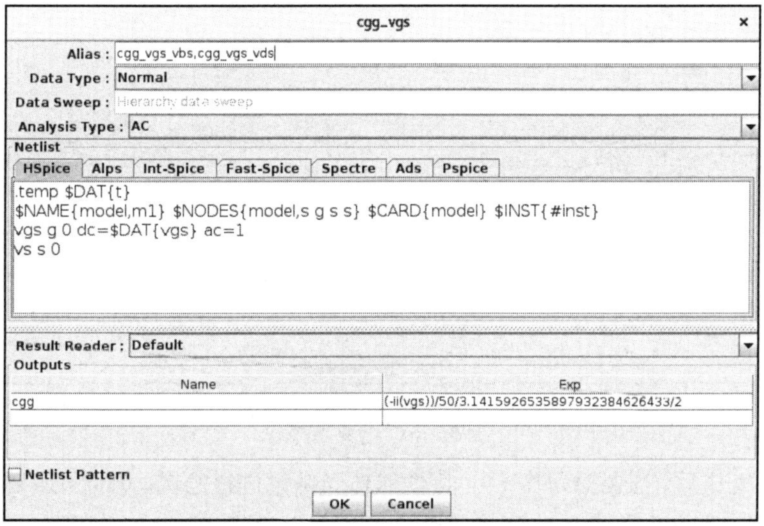

图 10.20　配置 C_{gg}-V_{GS} 仿真电路程序代码

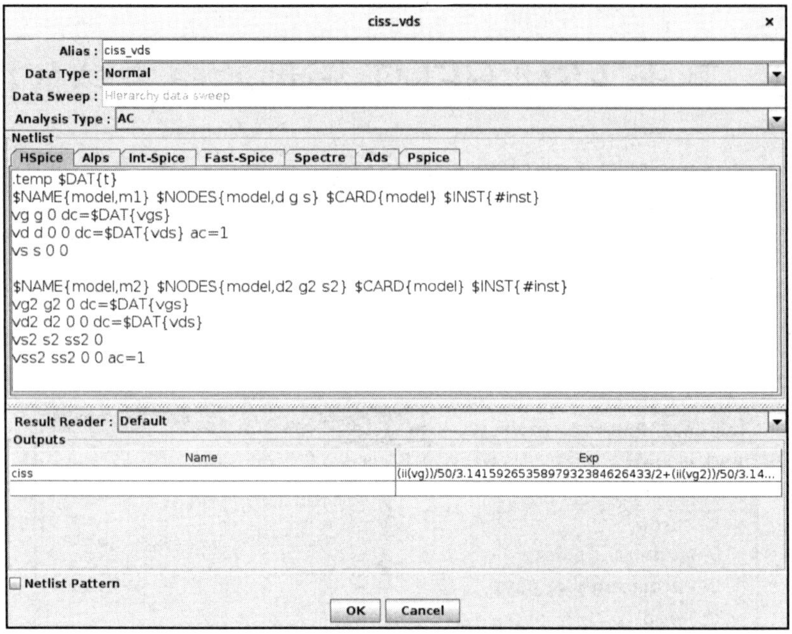

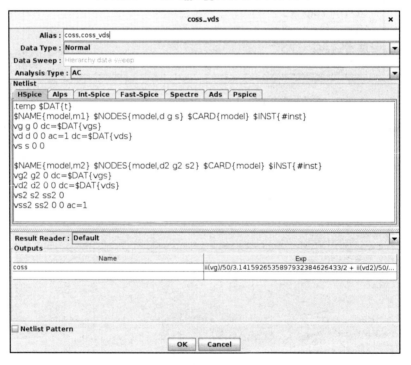

图 10.21　配置 C_{iss}-V_{DS} 仿真电路程序代码

图 10.22　配置 C_{oss}-V_{DS} 仿真电路程序代码

上述设置完成后，需要对每个 C-V 特性的仿真结果进行绘图，因此，还要配置每个 C-V 特性的 Plot。在"Config"选项中选择"Navis"中的"CV"，右击"CV"，选择"Add-Plot"。分别设置 Source、X、Y、Sweep1，如图 10.24 所示。

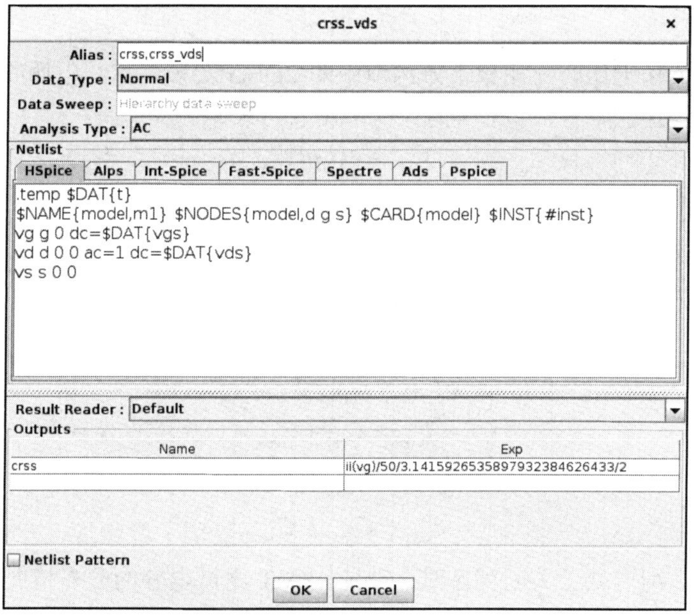

图 10.23 配置 C_{rss}-V_{DS} 仿真电路程序代码

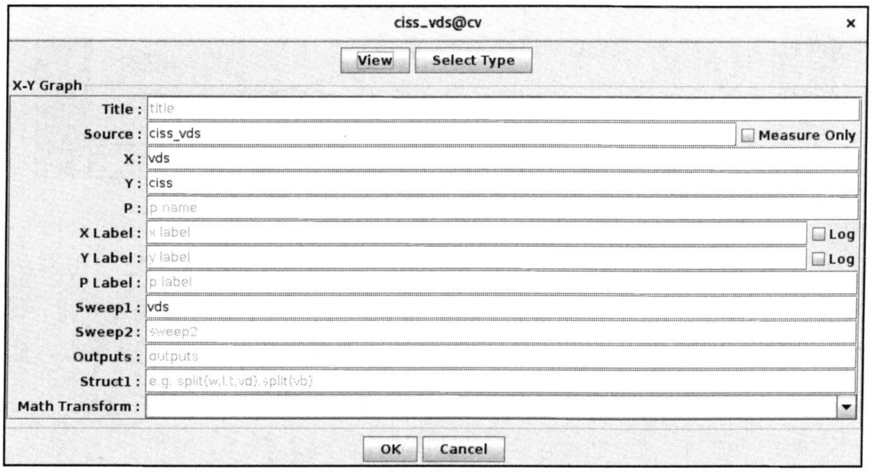

图 10.24 配置 C-V 特性的 Plot

（2）提参原理。

GaN HEMT 的版图布局中包括栅极、漏极和源极的金属接触区，钝化层介质通常在金属接触区之间。不同金属接触区之间存在的电场作用会产生电容效应，这在核心模型公式中并没有加以描述。然而，ASM-HEMT 模型采用非理想边缘电容效应来描述此类边缘电容。这类电容可看成是平板电容，与施加的偏置电压无关[1]。

栅极的金属接触区和源极之间存在边缘电场，会产生边缘电容。该电容取决于栅极和源极金属之间的距离。然而，实际的器件工艺实现不可能与设计方案完全一致，通常金属电极之间并不是理想的平行电极板。为了解决这个问题，在 ASM-HEMT 模型中引入了边缘电容模型参数 CGSO、CGDO、CDSO、CGDL 等。

① C_{gg}-V_{GS}。

当 V_{GS} 小于关断电压时，栅极下方沟道中的 2DEG 会被耗尽，电场线从栅极指向源漏两极和接入区的沟道层，此时本征电容 C_{gsi} 和 C_{gdi} 可表示为

$$C_{gsi} = dQ_s / dV_{GS} \qquad (10\text{-}10)$$

$$C_{gdi} = dQ_d / dV_{GD} \qquad (10\text{-}11)$$

同时，外部边缘电容 C_{gso1}、C_{gdo1} 和内部边缘电容 C_{gso2}、C_{gdo2} 通常为介质电容。此时，外部边缘电容和内部边缘电容可统称为边缘电容 C_{gso} 和 C_{gdo}。

$$C_{gg} = C_{GD} + C_{GS} \qquad (10\text{-}12)$$

$$C_{GD} = C_{gdi} + C_{gdo} \qquad (10\text{-}13)$$

$$C_{GS} = C_{gsi} + C_{gso} \qquad (10\text{-}14)$$

$$C_{gso} = C_{gso1} + C_{gso2} \qquad (10\text{-}15)$$

$$C_{gdo} = C_{gdo1} + C_{gdo2} \qquad (10\text{-}16)$$

因此，当栅下沟道处于关断状态时，GaN HEMT 栅极电容的分布情况如图 10.25 所示。

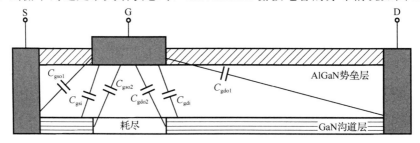

图 10.25　关断状态下 GaN HEMT 栅极电容的分布情况

当 V_{GS} 大于阈值电压时，器件处于开启状态，此时 GaN HEMT 栅极电容的分布情况如图 10.26 所示。此时，内部边缘电容 C_{gdo2}、C_{gso2} 可合并形成沟道电容 C_{ch}。栅下沟道中存在的 2DEG 作为沟道电荷，栅极电荷与沟道电荷保持守恒。随着 V_{GS} 增大，栅极电荷会增多，这表示 V_{GS} 对栅极电荷控制能力增强，C_{gsi} 和 C_{gdi} 增大。

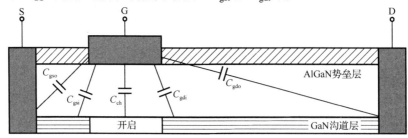

图 10.26　开启状态下 GaN HEMT 栅极电容的分布情况示意图

图 10.27 所示为 GaN HEMT 典型的 C_{gg}-V_{GS} 特性曲线。其中，区域 I 反映的是 2DEG 被耗尽后 GaN 沟道层的电容大小，此电容越小意味着 GaN 沟道层的背景载流子浓度越小。区域 II 反映的是当器件处于亚阈值区时，V_{GS} 增大会导致沟道层中 2DEG 增多，该区域的曲线越陡峭表明 2DEG 浓度的突变性和限域性越好。区域 III 反映的是 2DEG 的积累状态，当器件沟道完全开启时，曲线越平缓意味着 2DEG 的限域性越好[6]。

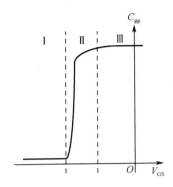

图 10.27　典型的 C_{gg}-V_{GS} 特性曲线

② C_{rss}-V_{DS}（C_{GD}-V_{DS}）。

关断状态下栅漏电容的组成情况如图 10.28 所示。

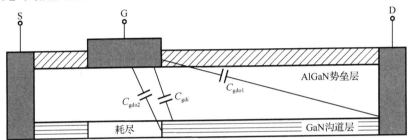

图 10.28　关断状态下栅漏电容的组成情况

设置 V_{GS} 为低的负电压，此时器件沟道关断。当 V_{DS} 从 0V 开始正向扫描，在高电平下加上交流小信号，此时的电容为栅漏电容 C_{GD}。C_{GD} 由本征栅漏电容和边缘栅漏电容组成，其中边缘栅漏电容不变。随着 V_{DS} 增大，沟道长度调制效应出现，耗尽层扩展，将沟道与漏极隔开，漏极一侧的沟道电荷减少直至消失。由于沟道电荷与栅极电荷守恒，因此漏极一侧的栅极电荷也会减少，V_{DS} 对栅极电荷的控制能力下降直至消失。典型的 C_{rss}-V_{DS} 曲线如图 10.29 所示。

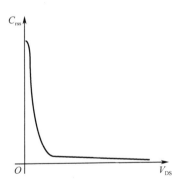

图 10.29　典型的 C_{rss}-V_{DS} 曲线

③ C_{iss}-V_{DS}。

在关断状态下，栅源电容的组成情况如图 10.30 所示。

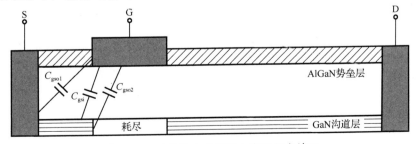

图 10.30　关断状态下栅源电容的组成情况

输入电容 C_{iss} 由栅漏电容 C_{GD} 和栅源电容 C_{GS} 组成。在分析了栅漏电容的特性后，再分析栅源电容的特性。C_{GS}-V_{DS} 曲线反映的是 V_{DS} 对源极一侧栅极电荷的影响，当 V_{DS} 增大时，V_{DS} 对源极一侧栅极电荷的影响较小，此时 C_{GS} 基本不随 V_{DS} 的变化而变化。因此，C_{iss}-V_{DS} 曲线只受 C_{GD} 控制，典型的 C_{iss}-V_{DS} 曲线如图 10.31 所示。

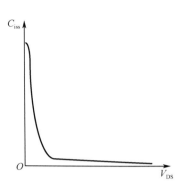

图 10.31　典型的 C_{iss}-V_{DS} 曲线

（3）提参步骤。

如图 10.32 所示，将 C_{gg}-V_{GS} 曲线、C_{rss}-V_{DS} 曲线、C_{iss}-V_{DS} 曲线、C_{oss}-V_{DS} 曲线分别置于"Broswer"窗口中。这四条曲线的拟合误差分别为 38.22%、53.35%、22.38%、4.61%。

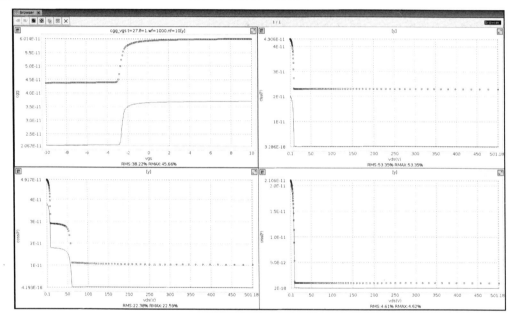

图 10.32　提参前的四种 C-V 特性曲线

分析图 10.32 中的曲线可知，仿真曲线和测试结果的变化趋势基本一致。这是因为在对 I-V 特性进行提参的过程中，通过拟合 ASM-HEMT 模型中的核心模型和非理想效应，电容的本征部分已经拟合完成。根据提参原理，接下来只需要提取边缘电容参数即可。

由于 C_{gg}、C_{iss}、C_{oss} 均与 C_{GD} 有关，因此先提取 C_{GD} 的边缘电容参数 CGDO、CGDL 来拟合 C_{rss}。将 CGDO 置于"Tweak"窗口中，如图 10.33 所示。

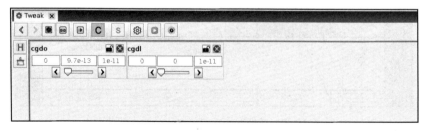

图 10.33　提取 C_{GD} 的边缘电容参数

再将 CGDO 的值从默认的 1×10^{-18} 调整至 9.7×10^{-13}，此时，C_{rss}-V_{DS} 曲线的拟合误差由 4.61%变为 0，如图 10.34 所示。

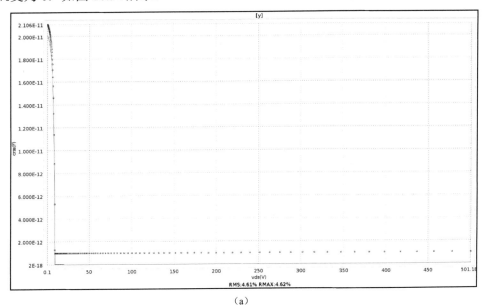

（a）

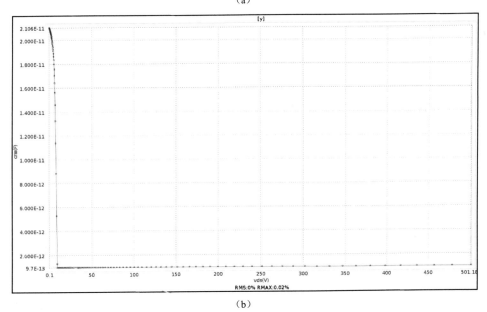

（b）

图 10.34　C_{rss}-V_{DS} 曲线的拟合曲线：（a）提参前；（b）提参后

当 C_{GD} 的边缘电容参数提取完成后，继续对 C_{GS} 的边缘电容参数进行提取。由于 C_{iss} 等于 C_{GD} 加上 C_{GS}，先提取 C_{GS} 的边缘电容参数 CGSO、CFG 来拟合 C_{iss}。将 CGSO 置于 "Tweak" 窗口中，如图 10.35 所示。

提参前的 C_{iss}-V_{DS} 曲线如图 10.36（a）所示，将 CGSO 的值从默认的 1×10^{-18} 调整至 $.1 \times 10^{-11}$，将 CFG 的值从默认的 0 调整至 1×10^{-12}，此时，C_{iss}-V_{DS} 曲线的拟合误差由 53.35%

变为 0，如图 10.36（b）所示。

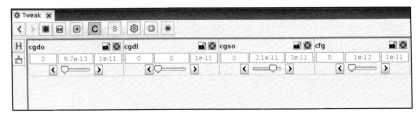

图 10.35　提取 C_{GS} 的边缘电容参数

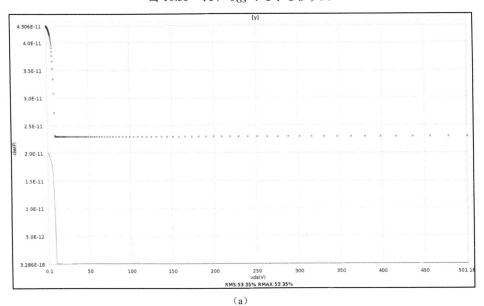

（a）

（b）

图 10.36　C_{iss}-V_{DS} 曲线的拟合曲线：（a）提参前；（b）提参后

至此，C_{GD} 与 C_{GS} 的边缘电容参数全部提取完毕。根据提参原理，C_{gg}-V_{GS} 曲线的拟合误差由 38.22%降至接近于 0，如图 10.37 所示。

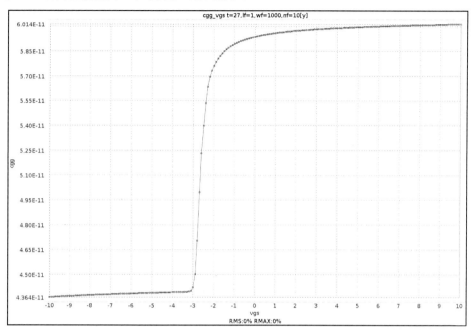

图 10.37　提参后的 C_{gg}-V_{GS} 拟合曲线

10.3.2　GaN HEMT 输出电容特性参数的提取

（1）提参原理。

输出电容（C_{oss}）由栅漏电容（C_{GD}）和漏源电容（C_{DS}）相加组成。C_{DS}-V_{DS} 曲线反映的是 V_{DS} 对整个沟道电荷及接入区电荷的控制能力。当 V_{DS} 增大时，耗尽层向接入区扩展，漏源两端之间的电荷量减小，C_{DS} 随之减小。随着 V_{DS} 继续增大，对于带场板的器件而言，在场板下方会形成耗尽区，此时耗尽区会扩至场板位置，C_{DS} 会二次减小，如图 10.38 所示。除上述本征漏源电容（C_{dsi}）之外，还存在边缘漏源电容（C_{dso}），由漏源之间的介质电容构成，不随偏置电压的变化而变化。

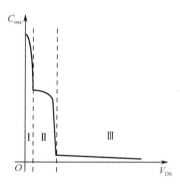

图 10.38　典型的 C_{oss}-V_{DS} 曲线

（2）提参步骤。

对 C_{oss} 进行拟合，由于 C_{oss} 等于 C_{GD} 与 C_{DS} 相加，因此需要提取 C_{DS} 的边缘电容参数 CDSO、CJ0、VBI 来拟合 C_{oss}。如图 10.39 所示，将 CDSO、CJ0、VBI 置于"Tweak"窗口中。

提参前的 C_{oss}-V_{DS} 曲线如图 10.40（a）所示，将 CDSO 的值从默认的 $1×10^{-18}$ 调整至 $1×10^{-12}$，将 CJ0 的值从默认的 0 调整至 $1×10^{-12}$，将 VBI 的值从默认的 0.9 调整至 1。此时，C_{oss}-V_{DS} 曲线的拟合误差由 20.4%变为 0.06%，如图 10.40（b）所示。

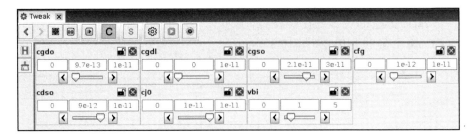

图 10.39　提取 C_{DS} 的边缘电容参数

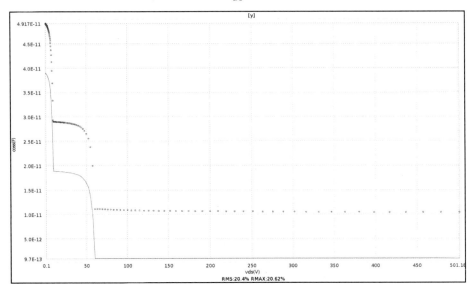

（a）

（b）

图 10.40　C_{oss}-V_{DS} 曲线拟合曲线：（a）提参前；（b）提参后

10.4　基于 ASM-HEMT 模型的温度特性参数提取

10.4.1　GaN HEMT 环境温度效应参数的提取

（1）提参前的准备。

在环境温度分别为 25℃、55℃和 120℃的条件下，测试器件 *I-V* 特性的实验数据，为后续与温度效应有关的参数提取做好准备。

（2）提参原理。

基于 GaN HEMT 的电路可以在较宽的环境温度范围内正常工作。一般来说，消费电子应用的典型环境温度范围是 0～70℃；在工业和军事应用领域，工作温度范围分别为-40～85℃和-55～125℃。

为了确认电路在不同工作温度条件下性能变化的情况，通常需要在不同环境温度下进行电路性能的模拟分析。因此，需要用不同环境温度下的仿真模型来捕捉器件性能随温度变化的情况。

之前的提参均是在标准室温下进行的，ASM-HEMT 模型中的标准温度参数为 TNOM，通常为 25℃。为了保证在环境温度等于标准温度时模型公式不受影响，当环境温度不等于标准温度时，引入温度效应进行模拟，可采用下面的表达式来描述不同温度下的参数变化[1]

$$P_T = P_0 \left[1 + \mathrm{TP} \left(\frac{T}{\mathrm{TNOM}} - 1 \right) \right] \qquad (10\text{-}17)$$

其中，P_T 为当前环境温度下的模型参数，P_0 为标准温度下的参数，TNOM 为标准温度，T 为当前环境温度，TP 为模型参数 P_T 对环境温度的依赖性系数。由式（10-17）可知，当环境温度 T 等于标准温度 TNOM 时，模型参数为 P_0。

接下来，基于 ASM-HEMT 模型，分别介绍与非理想效应有关的温度特性参数。

① 关断电压 V_{off}。

$$V_{\mathrm{off}}(T) = V_{\mathrm{off},0} - \mathrm{KT1} \left(\frac{T}{\mathrm{TNOM}} - 1 \right) \qquad (10\text{-}18)$$

其中，KT1 为关断电压的温度依赖系数，TNOM 为标准温度，T 为当前环境温度。

② 载流子迁移率 μ。

$$\mu(T) = \mu_0 \left(\frac{T}{\mathrm{TNOM}} \right)^{\mathrm{UTE}} \qquad (10\text{-}19)$$

其中，UTE 为载流子迁移率的温度依赖系数。

③ 饱和速度 v_{sat}。

$$v_{\mathrm{sat}}(T) = v_{\mathrm{sat}0} \left(\frac{T}{\mathrm{TNOM}} \right)^{\mathrm{AT}} \qquad (10\text{-}20)$$

其中，AT 为饱和速度的温度依赖系数。

④ 接入区特性。

源极接入区电荷密度 NS0ACCS 和漏极接入区电荷密度 NS0ACCD 分别为

$$\text{NS0ACCS}(T) = \text{NS0ACCS}_0\left[1 - \text{KNS0}\left(\frac{T_{\text{dev}}}{\text{TNOM}} - 1\right)\right](1 + \text{K0ACCS} \cdot V_{\text{g0,eff}}) \quad （10\text{-}21）$$

$$\text{NS0ACCD}(T) = \text{NS0ACCD}_0\left[1 - \text{KNS0}\left(\frac{T_{\text{dev}}}{\text{TNOM}} - 1\right)\right](1 + \text{K0ACCD} \cdot V_{\text{g0,eff}}) \quad （10\text{-}22）$$

其中，KNS0 为接入区电荷密度的温度依赖系数，K0ACCS 为源极接入区电荷对栅极电压的温度依赖系数，K0ACCD 为漏极接入区电荷对栅极电压的温度依赖系数，T_{dev} 为器件温度，$V_{\text{g0,eff}}$ 为有效栅极过驱动电压。

接入区饱和速度 VSATACCS 为

$$\text{VSATACCS}(T) = \text{VSATACCS}_0\left(\frac{T_{\text{dev}}}{\text{TNOM}}\right)^{\text{ATS}} \quad （10\text{-}23）$$

其中，ATS 为接入区饱和速度的温度依赖系数。

源极接入区迁移率 U0ACCS 和漏极接入区迁移率 U0ACCD 分别为

$$\text{U0ACCS}(T) = \text{U0ACCS}_0\left(\frac{T_{\text{dev}}}{\text{TNOM}}\right)^{\text{UTES}} \quad （10\text{-}24）$$

$$\text{U0ACCD}(T) = \text{U0ACCD}_0\left(\frac{T_{\text{dev}}}{\text{TNOM}}\right)^{\text{UTES}} \quad （10\text{-}25）$$

其中，UTES 为接入区迁移率的温度依赖系数。

⑤ 接触电阻

源极接触电阻 RSC 和漏极接触电阻 RDC 分别为

$$\text{RSC}(T) = \text{RSC}_0\left[1 + \text{KRSC}\left(\frac{T_{\text{dev}}}{\text{TNOM}} - 1\right)\right] \quad （10\text{-}26）$$

$$\text{RDC}(T) = \text{RDC}_0\left[1 + \text{KRDC}\left(\frac{T_{\text{dev}}}{\text{TNOM}} - 1\right)\right] \quad （10\text{-}27）$$

其中，KRSC、KRDC 分别为源极接触电阻和漏极接触电阻的温度依赖系数。

（3）提参步骤。

如图 10.41 所示，分别将 25℃、55℃、120℃的转移特性和输出特性曲线置于"Broswer"窗口中。在 25℃、55℃、120℃的环境温度下，转移特性曲线的拟合误差分别为 0.73%、1.54%、3.31%，输出特性曲线的拟合误差分别为 2.54%、3.68%、6.23%。由于此时与温度相关的依赖性参数还未优化调整，因此随环境温度升高，拟合精度会出现较大偏差。

将相关的温度依赖性参数 AT、ATS、KT1、KNS0、UTE、UTES、UTED、KRSC 和 KRDC 置于"Tweak"窗口中，如图 10.42 所示。根据式（10-18）~式（10-27），拟合 55℃和 120℃的转移特性和温度特性曲线。

再将各个参数由默认值调整至合适的值。在 25℃、55℃、120℃的环境温度下，转移特性曲线的拟合误差分别降至 0.15%、0.13%、0.11%，输出特性曲线的拟合误差分别降至 0.44%、0.4%、0.33%，如图 10.43 所示。

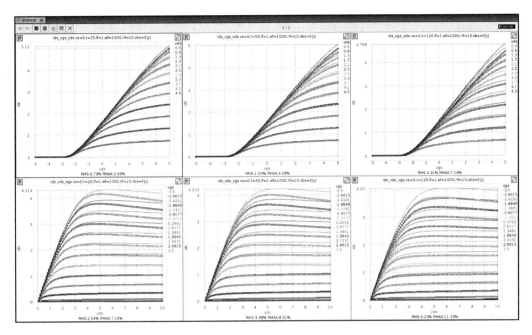

图 10.41　提参前 25℃、55℃、120℃的转移特性和输出特性曲线

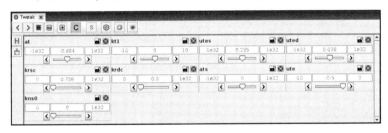

图 10.42　提取温度依赖性参数

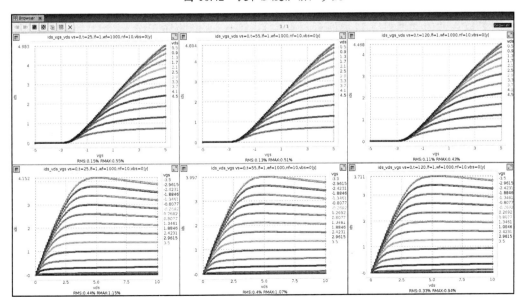

图 10.43　提参后 25℃、55℃、120℃的转移特性和输出特性曲线

由于自热效应，器件的实际工作温度通常会高于环境温度，因此调整温度相关的参数后，模型的拟合精度会提升。

10.4.2　GaN HEMT 自热效应参数的提取

（1）提参原理。

器件内部的功耗会导致器件出现自热效应，自热效应会导致器件工作温度升高，引起沟道内载流子的声子散射增强，影响 2DEG 的迁移率和饱和速度。在较大的漏源电压偏置条件下，甚至会严重降低器件的漏源饱和电流。自热效应与偏置条件密切相关，通常器件中耗散的功率表示为

$$P_d = V_{DS} I_{DS} \tag{10-28}$$

功率耗散引起的器件局部温升是一种瞬态现象，受器件热时间常数的控制。热时间常数模型可由热阻和热容组合而成，如图 10.44 所示。热阻 RTH0 可模拟静态温升或直流条件下的温升，热容 CTH0 则捕捉自热效应的动态特性。因此，器件工作温度 T_{device} 为环境温度 $T_{ambient}$ 与自热效应的温升之和。

$$T_{device} = T_{ambient} + \Delta T \tag{10-29}$$

$$\Delta T = P_d \cdot RTH0 \tag{10-30}$$

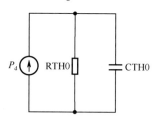

图 10.44　自热效应的热网络模型

由于自热效应对器件 $I\text{-}V$ 特性有着重要的影响，因此将 RTH0 初始化为一个合理的值非常重要。一般来说，在不同的温度环境下，可采用脉冲条件下器件特性的测试数据进行建模提参。

（2）提参步骤。

首先，确认自热效应模型的开关参数 SHMOD 为 1。然后，将自热效应的热阻参数 RTH0 与热容参数 CTH0 置于"Tweak"窗口中，如图 10.45 所示，用于拟合 25℃的输出特性曲线。

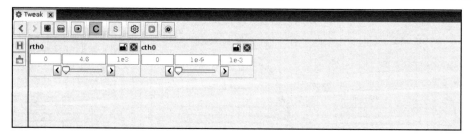

图 10.45　提取自热效应的热阻和热容参数

最后，将 RTH0 由初始值 5 调整至 4.6。如图 4.46 所示，在 25℃的环境温度下，输出

特性曲线的拟合误差由 0.44%降为 0。

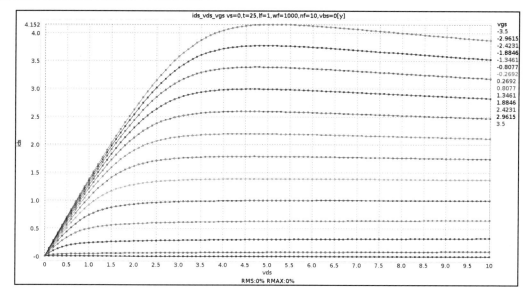

图 10.46　提参后 25℃的输出特性曲线

习　　题

（1）如果 GaN HEMT 同时带有源场板和栅场板，如何设置 ASM-HEMT 模型的标记参数？

（2）若参数 NFACTOR 增大，其他参数不变，器件的亚阈值区特性会有什么变化？

（3）在 ASM-HEMT 模型中，NS0ACCS、U0ACCS、MEXPACCS 的物理意义分别是什么？

（4）请阐述 GaN HEMT 反偏时栅极电流中的电子传输机制，并说明不同机制的区别。

（5）在 ASM-HEMT 模型中为何没有涉及对本征电容参数的提取？

（6）为何要在脉冲条件下测试电流特性来初始化自热效应中的 RTH0 参数？

参考文献

[1] KHANDELWAL S. Advanced SPICE Model for GaN HEMTs (ASM-HEMT): A New Industry-Standard Compact Model for GaN-based Power and RF Circuit Design[M]. Switzerland: Springer Nature, 2022.

[2] GHOSH S, AHSAN S A, KHANDELWAL S, et al. ASM-HEMT: industry standard GaN HEMT model for power and RF applications[C]//TechConnect, 11th Annual TechConnect World Innovation Conference and Expo, Held Jointly with the 20th Annual Nanotech Conference and Expo, the 2018 SBIR/STTR Spring Innovation Conference, and the Defense TechConnect

DTC Spring Conference. Anaheim, USA, 2018: 236-239.

[3] 陈星弼，张庆中，陈勇. 微电子器件[M]. 3 版. 北京：电子工业出版社，2011.

[4] TURUVEKERE S, RAWAL D S, DASGUPTA A, et al. Evidence of Fowler-Nordheim tunneling in gate leakage current of AlGaN/GaN HEMTs at room temperature[J]. IEEE Transactions on Electron Devices, 2014, 61(12): 4291-4294.

[5] SZE S M, LI Y, NG K K. Physics of semiconductor devices[M]. 4th ed. New York: John Wiley & Sons, 2021.

[6] 郝跃，张金风，张进成. 氮化物宽禁带半导体材料与电子器件[M]. 北京：科学出版社，2013.

第11章

基于 XModel 的 GaN HEMT 射频模型
参数提取实验

GaN HEMT 射频器件具有高频率、高功率密度和高效率等优异性能，目前已在 5G 基站、卫星通信、雷达等军民两用领域得到了非常广泛的应用。本章首先介绍 GaN HEMT 射频器件建模测试方案，包括 *I-V* 特性测试、*C-V* 特性测试和 *S* 参数测试，并介绍基于 ASM-HEMT 模型的 DC 参数提取的方法和步骤；然后介绍基于 ASM-HEMT 模型的 *S* 参数模型提取的方法和步骤；最后介绍基于 ASM-HEMT 模型的非线性大信号模型参数的提取方法和步骤，主要包括自热效应大信号模型、陷阱效应模型和负载牵引测试方法。

11.1　GaN HEMT 射频器件建模测试方案

1. *I-V* 特性测试

器件的 *I-V* 特性测试主要包括输出特性和转移特性测试。

（1）转移特性测试。V_{DS} 设置为 0.1～20.1V，每隔 1V 测 1 条转移特性曲线，共测 21 条转移特性曲线；V_{GS} 从-4V 扫描到-1V，得到 I_{DS} 与 V_{GS} 之间的转移特性。

（2）输出特性测试。V_{GS} 设置为-4～-1V，每隔 0.2V 测 1 条输出特性曲线，共测 16 条输出特性曲线；V_{DS} 从 0V 扫描到 20V，得到 I_{DS} 与 V_{DS} 之间的输出特性。

2. *C-V* 特性测试

C-V 特性测试主要包括以下三种。

（1）C_{GS}-V_{GS} 测试。将源极接入 CML 端口，栅极接入 CMH 端口。V_{DS} 分别设置为 0V、10V、50V 和 100V。V_{GS} 从-10V 扫描到 0V，得到 C_{GS} 与 V_{GS} 之间的特性。

（2）C_{GD}-V_{DS} 测试。将栅极接入 CML 端口，漏极接入 CMH 端口，源极接入 AC Guard 端口。V_{DS} 从 0V 扫描至 500V，得到 C_{GD} 与 V_{DS} 之间的特性。

（3）C_{DS}-V_{DS} 测试。将源极接入 CML 端口，漏极接入 CMH 端口，栅极接入 AC Guard 端口。V_{DS} 从 0V 扫描至 500V，得到 C_{DS} 与 V_{DS} 之间的特性。

3．S 参数测试

将 V_{DS} 设置为 0V，V_{GS} 设置为-4～0V（步长为 0.2V）；将信号频率 freq 设置为 0.4GHz 到 10GHz，步长为 0.4GHz。分别测量参数 S_{11}、S_{12}、S_{21} 和 S_{22}。

11.2　基于 ASM-HEMT 模型的 DC 参数提取

11.2.1　GaN HEMT 射频器件和功率器件的区别

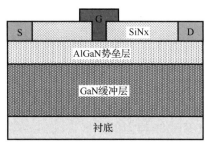

图 11.1　典型的 GaN HEMT 射频器件
结构示意图

由于 AlGaN/GaN 异质结材料具有高临界击穿电场和高电子迁移率等特点，GaN HEMT 在射频器件和功率器件领域均得到了广泛应用[1]。由于 GaN HEMT 射频器件和功率器件的设计要求是不同的，因此对上述两种类型器件的提参过程有一定的区别。典型的 GaN HEMT 射频器件结构示意图如图 11.1 所示。

GaN HEMT 功率器件通常应具有高击穿电压、大漏极电流和低导通电阻[2]，因此在器件设计中，需要引入源极或栅极场板结构，增大栅漏间距来提升击穿电压，并增加器件栅宽来实现大的漏极电流。

实现性能优异的 GaN HEMT 射频器件，要尽量减小寄生参数。接下来，简要分析 GaN HEMT 射频器件的设计要求[3]。

为了提升频率特性，射频器件的栅长都比较小，通常为几十至几百纳米。在考虑非本征参数的情况下，GaN HEMT 的截止频率 f_T 和最高振荡频率 f_{max} 分别为

$$f_T = \frac{g_m}{2\pi(C_{GS} + C_{GD})[1 + (R_S + R_D)/R_{DS}] + g_m C_{GD}(R_S + R_D)} \tag{11-1}$$

$$f_{max} = \frac{f_T}{2\sqrt{\dfrac{R_S + R_G + R_i}{R_{DS}} + 2\pi f_T R_G C_{GD}}} \tag{11-2}$$

其中，R_i 为沟道电阻，g_m 为跨导，R_{DS} 为输出电阻，R_G 为栅极电阻，R_D 为漏极电阻，R_S 为源极电阻。缩短栅长，C_{GS} 和 C_{GD} 会减小，可提高器件的频率特性。

栅长减小会导致 R_G 快速增大。由式（11-1）和式（11-2）可知，R_G 增大对 f_T 的影响不大，但会导致 f_{max} 减小。因此，在器件设计中为了解决栅长缩短和栅极电阻增大之间的矛盾，射频器件通常采用 T 形栅结构代替传统的 I 形栅结构。T 形栅在 I 形栅上方增加了金属栅帽，可降低器件的栅极电阻。T 形栅帽结构还可以作为栅场板，调制栅下电场分布，提升器件的击穿电压。

随着栅长进一步减小，器件短沟道效应逐渐显现，栅控能力下降，跨导降低，这会导致器件的频率特性变差。为了降低器件短沟道效应的影响，应减小 GaN HEMT 异质结的势垒层厚度，以提高器件的纵横比。

为了提高 GaN HEMT 功率器件的击穿电压，通常需要增大器件的栅漏间距。然而，射频器件的栅漏间距不能过大，因为栅漏间距增大会引入更大的接入区电阻，从而导致器件的 R_D 和 R_S 增大，射频器件的频率特性退化，所以在设计射频器件时要折中考虑栅漏间距的大小。

11.2.2　GaN HEMT 的 DC 参数提取

1. 提参前的准备

（1）添加 DUT。XModel 为射频提参建模提供了新的模块。首先，在 XModel 中添加新的 DUT，每个 DUT 具有独立的物理尺寸和测量温度。然后，选择工作栏中的"Edit Device Table"选项，在"Device Table"窗口中单击"Insert"按钮，输入器件名称 RF_GaN，随后修改器件的栅宽 w、栅长 l、测试温度 t 和栅指数 nf 等参数，如图 11.2 所示。

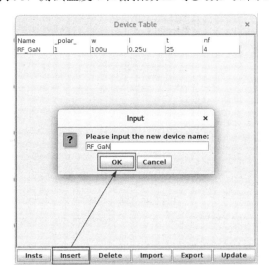

图 11.2　添加 DUT

（2）添加 setup。选择工具栏中的"Config Circuit/Input"选项，在"Configure"窗口的"Data & Circuits"标签中，右击"_DATA_"选择"Add Setup"选项，输入 setup 名称"dc"，如图 11.3 所示。

（3）添加电路并检查电路网表。单击"Add Circuit"按钮并找到"rfmos"，选取"dc"下的两个电路"ids_vds_vgs"和"ids_vgs_vds"，如图 11.4 所示。以电路"ids_vds_vgs"为例，进行电路网表检查，如图 11.5 所示。

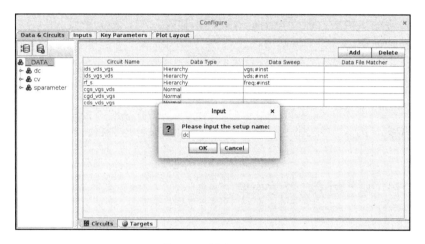

图 11.3　添加 setup

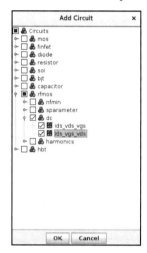

图 11.4　添加电路

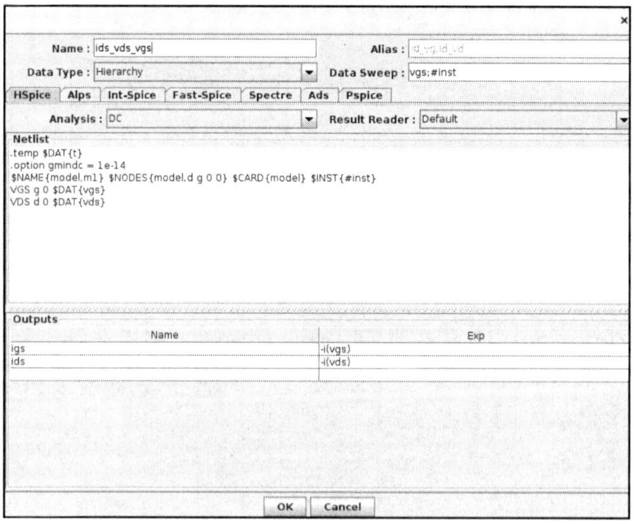

图 11.5　检查电路网表

（4）添加模型。选择工具栏中的"Setup Model"选项，单击"Load Model"，如图 11.6 所示。选择模型文件 asm_rf.l，单击"Open"导入模型文件，如图 11.7 所示。

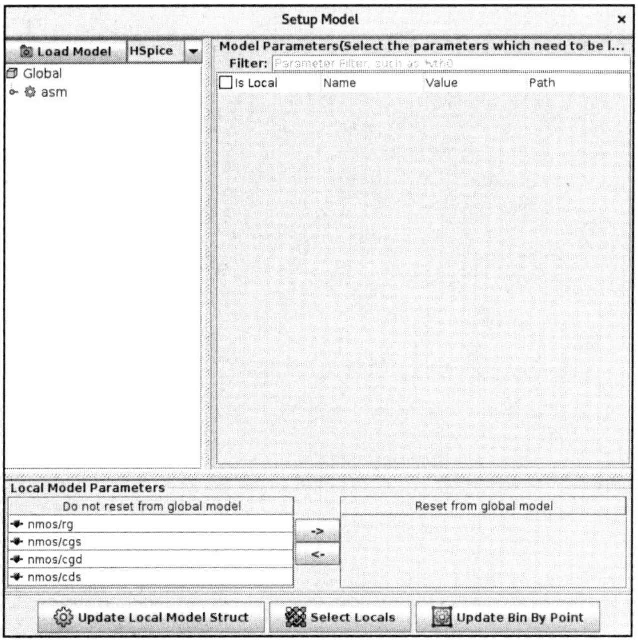

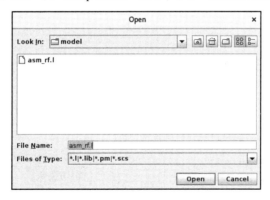

图 11.6　在"Setup Model"选项中单击"Load Model"

图 11.7　导入模型文件

（5）检查数据文件中的 setup、name、dataname 等参数和提参工程是否对应，检查无误后导入数据，如图 11.8 所示。

```
condition{type=mos}
Page (setup="dc",name=ids_vds_vgs,x=vds,p=vgs,y=ids ) {dataname="RF_GaN",t=25,lf=0.25,wf=100,nf=4}
curve{-4}
```

图 11.8　检查数据文件

（6）添加 Task 和 Plot。首先，右击"Setup"中的"dc"，选择"Add Task"，并分别命名为"idvd"和"idvg"。然后，右击"idvd"和"idvg"，选择"Add Plot"中的"/XYP"。最后，分别对 x、y、p 和 data_name 进行命名，如图 11.9 所示。

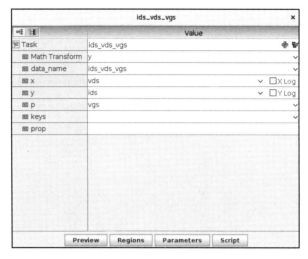

图 11.9　添加 Task 和 Plot

2．DC 提参流程

关于 GaN HEMT 射频器件和功率器件的直流 $I\text{-}V$ 特性的提参流程和步骤，可以参考 10.2 节的内容，在此不再赘述。

11.3　基于 ASM-HEMT 模型的 S 参数模型提取

11.3.1　寄生参数初值的提取

典型结构 GaN HEMT 的小信号等效电路拓扑结构如图 11.10 所示。虚线框内为本征部分，包含栅极本征电容 C_{GS} 和 C_{GD}、漏源电容 C_{DS}、沟道电阻 R_i、输出电导 g_{DS}（等于 $\dfrac{1}{R_{DS}}$）、跨导 g_m 和时延参数 τ 等。虚线框外为非本征部分。其中，C_{gdo}、C_{gso} 和 C_{dso} 表示寄生电容；L_G、L_D 和 L_S 表示寄生电感；R_G、R_D 和 R_S 表示寄生电阻；R_{GD} 表示栅漏之间的寄生电阻。这些寄生参数都和偏置无关，寄生参数初值一般都是通过冷场（Cold FET）S 参数提取的。

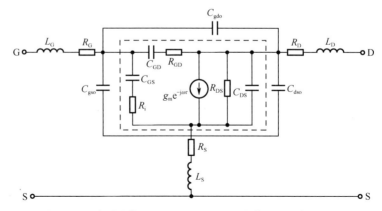

图 11.10　典型结构 GaN HEMT 的小信号等效电路拓扑结构

　　首先，在器件夹断状态（$V_{GS}<V_{TH}$，$V_{DS}=0$）的低频段，主要是电容对电路网络的 Y 参数起作用，电阻和电感对 Y 参数的影响基本可以忽略，此时器件的小信号等效电路的简化形式如图 11.11 所示。

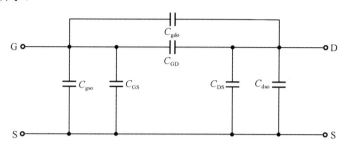

图 11.11　夹断状态低频段的小信号等效电路简化形式

　　在图 11.11 中，小信号等效电路的 Y 参数可以表示为

$$Y_{11} = j\omega(C_{gso} + C_{GS} + C_{gdo} + C_{GD}) \tag{11-3}$$

$$Y_{22} = j\omega(C_{dso} + C_{DS} + C_{gdo} + C_{GD}) \tag{11-4}$$

$$Y_{12} = Y_{21} = -j\omega(C_{gdo} + C_{GD}) \tag{11-5}$$

　　将夹断状态下测得的 S 参数转化为 Y 参数，以 Y 参数的虚部为纵坐标，频率 ω 为横坐标画出曲线。此时测得的曲线斜率为各个电容的组合值，依据器件结构的对称性和几何尺寸，可提取寄生电容 C_{gso}、C_{gdo} 和 C_{dso}。

　　其次，在器件夹断状态（$V_{GS}<V_{TH}$，$V_{DS}=0$）的高频段，剥离寄生电容的影响可得

$$\mathrm{Im}(\omega Z_{11}) = (L_G + L_S)\omega^2 - \left(\frac{1}{C_G} + \frac{1}{C_S}\right) \tag{11-6}$$

$$\mathrm{Im}(\omega Z_{22}) = (L_D + L_S)\omega^2 - \left(\frac{1}{C_D} + \frac{1}{C_S}\right) \tag{11-7}$$

$$\mathrm{Im}(\omega Z_{12}) = L_S\omega^2 - \frac{1}{C_S} \tag{11-8}$$

　　最后，在栅极正向偏置状态（$V_{GS}>0$，$V_{DS}=0$）下，为避免栅极肖特基接触电容的影响，提取冷场 S 参数并转化为 Z 参数，可得

$$\omega^2\mathrm{Re}(Z_{11}) = \omega^2(R_G + R_S) \tag{11-9}$$

$$\omega^2\mathrm{Re}(Z_{22}) = \omega^2(R_D + R_S) \tag{11-10}$$

$$\omega^2\mathrm{Re}(Z_{12}) = \omega^2 R_S \tag{11-11}$$

　　ASM-HEMT 模型包含了上述寄生参数中的寄生电阻和寄生电容。其中，GaN HEMT 寄生电阻 R_S 和 R_D 分别被描述为源极接入区电阻和源极接触电阻之和、漏极接入区电阻和漏极接触电阻之和，寄生电阻 R_G 用栅极电阻模型来描述；寄生电容被描述为极间介质电容和空气桥电容。图 11.12 所示为 ASM-HEMT 模型中包含的模型电路拓扑结构[1]。

　　基于 ASM-HEMT 模型进行射频提参，在 DC 参数调整完毕后，寄生电阻提取完成。提取寄生电感可重复利用上述方法，通过测试夹断状态下的冷场 S 参数，提取寄生电感的刃值。提取寄生电容需要通过调整 ASM-HEMT 模型中电容相关的参数，拟合 $C\text{-}V$ 特性和

S 参数的史密斯云图来实现。

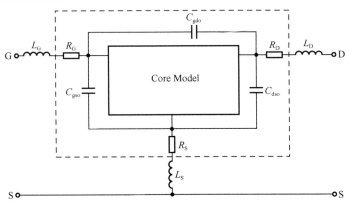

图 11.12　ASM-HEMT 模型中包含的模型电路拓扑结构

11.3.2　GaN HEMT 的 S 参数提取

在提取 DC 参数之后，S 参数可以用模型进行建模。需要考虑寄生元件，且在模型周围构建一个子电路来表示所有的寄生电容和寄生电感。与实际布局和测试参考平面位置相关的寄生元件须被包含在固有的 ASM GaN 模型中。

1. 提参前的准备

（1）添加 setup。选择工具栏中的"Config Circuit/Input"选项，在"Configure"窗口的"Data & Circuits"标签中，右击"_DATA_"选择"Add Setup"选项，输入 setup 名称"cv"和"sparameter"，如图 11.13 所示。

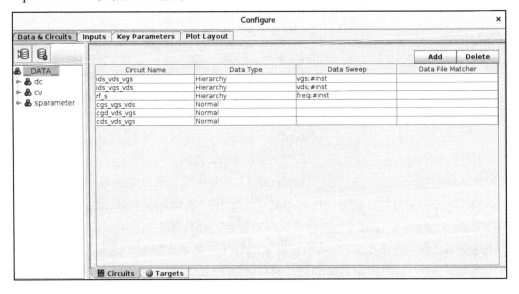

图 11.13　添加 setup

（2）添加电路并检查电路网表。单击"Add Circuit"按钮并找到"mos"，选取"ac"

下的电路"cgs_vgs_vds""cgd_vds_vgs"和"cds_vds_vgs",再选取"rfmos"下的电路"rf_s",如图 11.14 所示。以电路"rf_s"为例,进行电路网表检查,如图 11.15 所示。

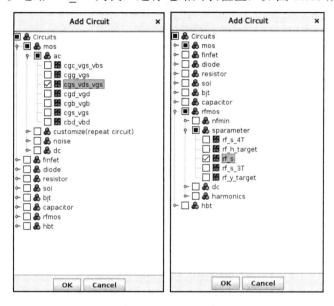

图 11.14　添加电路

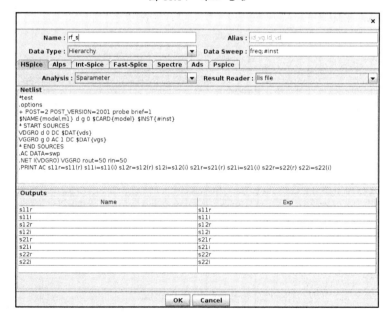

图 11.15　检查电路网表

(3)检查数据文件中的 setup、name、dataname 等参数和提参工程是否对应,检查无误后导入数据。

(4)添加 Task 和 Plot。首先,右击"Setup"中的"cv",选择"Add Task",并分别命名为"cgs_vgs_vds""cgd_vds_vgs"和"cds_vds_vgs"。然后,右击添加的 Task,选择"Add Plot"中的"/XYP",分别对 x、y、p 和 data_name 进行命名。对于 sparameter 参数,需要

添加 Task 并命名为 "Smith"，并选择 "Add Plot" 中的 "/Smithchart"，分别对 p、value 和 data_name 进行命名，如图 11.16 所示（以 SmithChart_s11 为例进行演示）。

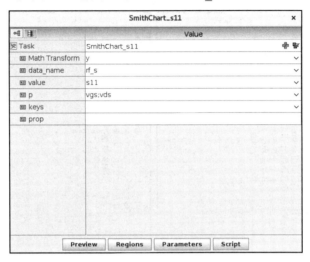

图 11.16　添加 Task 和 Plot

2. 提取 C-V 特性参数和 S 参数

在提取外部寄生电感后，须对栅源电容 C_{GS}、栅漏电容 C_{GD} 和漏源电容 C_{DS} 随栅源电压 V_{GS} 和漏源电压 V_{DS} 的变化进行拟合。

如果对外部寄生电感和源漏接入区电阻的拟合结果可以满足要求，则 S 参数主要受寄生栅极电阻 R_G 和寄生电容的影响。对 C-V 特性参数的提取是为了在各个偏置点获得良好的 S 参数拟合结果，为后续的大信号模型拟合做铺垫。因此，准确地描述电容与电压的非线性行为非常重要。

（1）提取 C_{GS}-V_{GS} 参数。

参数 CGSO、ADOSI、BDOSI 和 VDSATCV 可用于调整 C_{GS}-V_{GS} 在不同漏极偏置的行为。其中，在 V_{GS} 小于关断电压 V_{off} 时，应对参数 CGSO 进行提参。参数 ADOSI 和 BDOSI 可调节 C_{GS} 随 V_{GS} 增加的速率。参数 VDSATCV 用来进一步拟合不同漏极偏置下的 C_{GS}-V_{GS} 特性。具体调参步骤如下：将参数 CGSO、ADOSI、BDOSI 和 VDSATCV 置于 "Tweak" 窗口中，根据上述提参原理，对不同漏极偏置下的 C_{GS}-V_{GS} 特性曲线及 4 种 S 参数的史密斯圆图进行拟合。

当 C_{GS} 为默认参数时，C_{GS}-V_{GS} 特性曲线的拟合误差为 9.01%，如图 11.17 所示。

此时，S_{11}、S_{12}、S_{21}、S_{22} 的拟合误差分别为 13.52%、13.89%、37.66%、9.88%，如图 11.18 所示。

根据提参原理，可将参数 CGSO 由默认值调整至 3.24×10^{-14}，拟合不同漏极偏置下的关断区栅源电容 C_{GS}，如图 11.19 所示。随后，调整参数 ADOSI、BDOSI 和 VDSATCV，进一步拟合 C_{GS}-V_{GS} 特性曲线，如图 11.20 所示。

此时，S_{11}、S_{12}、S_{21}、S_{22} 的拟合误差分别为 3.52%、12.57%、38.1%、9.87%，如图 11.2 所示。

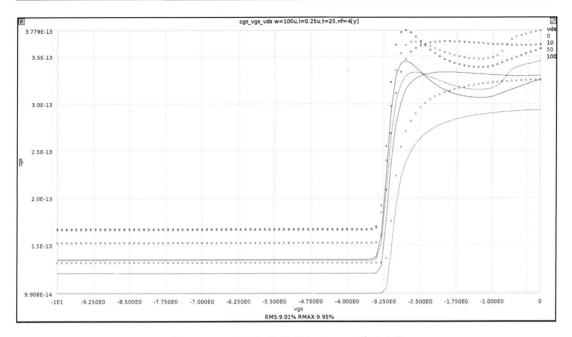

图 11.17　不同漏极偏置下的 C_{GS}-V_{GS} 特性曲线

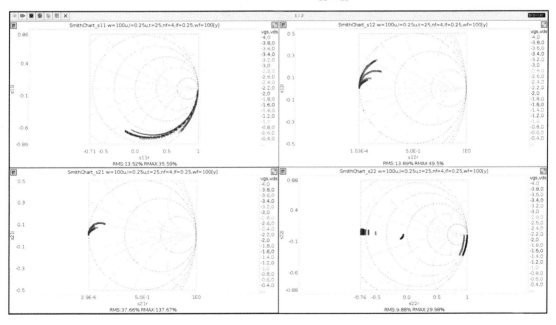

图 11.18　4 种 S 参数的史密斯圆图

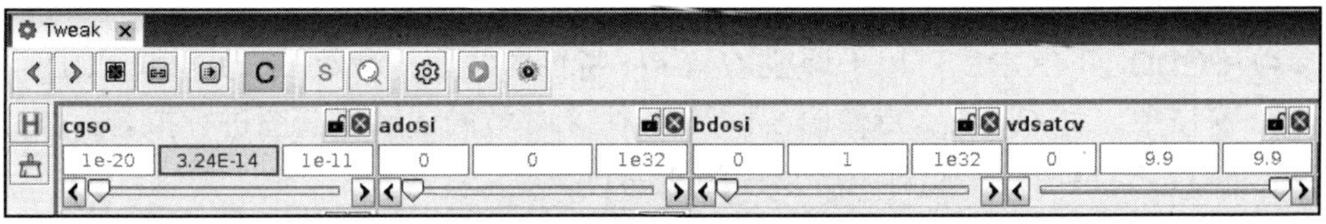

图 11.19　调整 CGSO 默认值

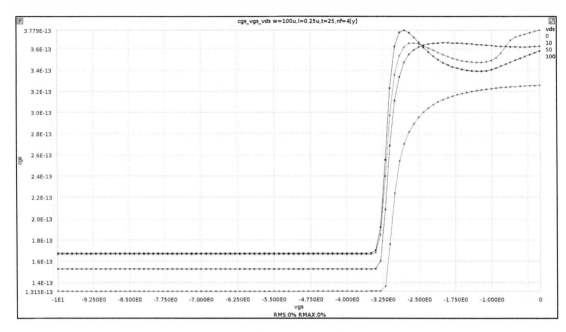

图 11.20　调参后的 C_{GS}-V_{GS} 特性曲线

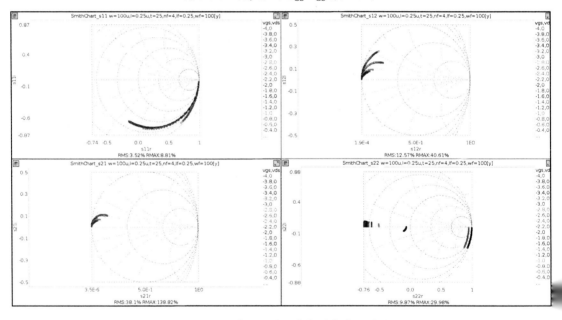

图 11.21　调参后 4 种 S 参数的史密斯圆图

（2）提取 C_{GD}-V_{DS} 参数。

参数 CGDO 和 CGDL 可用于调整 C_{GD}-V_{DS} 特性曲线。将参数 CGDO 和 CGDL 置于"Tweak"窗口中，对 C_{GD}-V_{DS} 特性曲线以及 4 种 S 参数的史密斯圆图进行拟合。图 11.22 所示为 C_{GD}-V_{DS} 特性曲线，此时拟合误差为 25.61%。

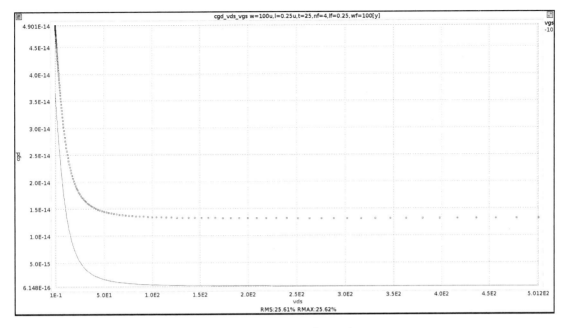

图 11.22　C_{GD}-V_{DS} 特性曲线

由于 DC 参数拟合较好，曲线的趋势基本正确，因此需要继续对寄生电容参数 CGDO 进行调整。可将参数 CGDO 由默认值调整至 1.255×10^{-14}，C_{GD}-V_{DS} 特性曲线的拟合误差将降至 0.01%，如图 11.23 所示。S_{11}、S_{12}、S_{21}、S_{22} 的拟合误差分别降至 0.01%、0.69%、0.68%、3.09%，如图 11.24 所示。

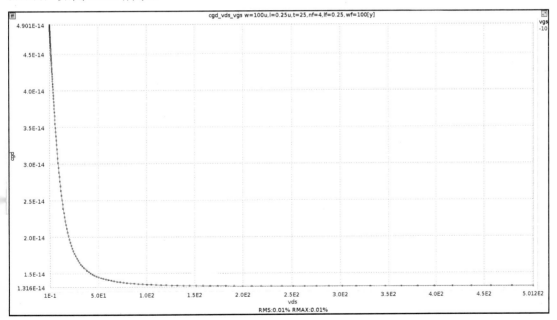

图 11.23　将参数 CGDO 调整至 1.255×10^{-14} 后的 C_{GD}-V_{DS} 特性曲线

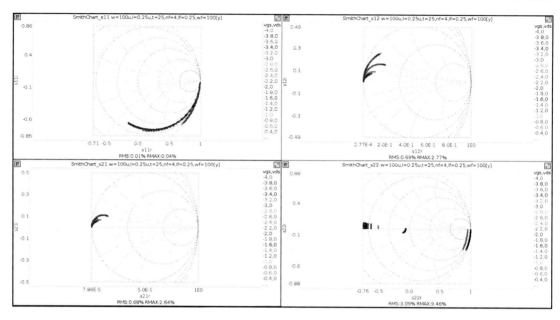

图 11.24　调参后 4 种 S 参数的史密斯圆图

（3）提取 C_{DS}-V_{DS} 参数。

参数 CDSO 为寄生的漏源电容参数，CJ0 为在零漏极偏置下的接入区电容参数，参数 AJ 为低漏极偏置时漏源电容偏置的相关参数，参数 DJ 为高漏极偏置时漏极接入区电容退化参数。根据各个参数的含义，分别在 C_{DS}-V_{DS} 特性曲线的不同偏置区域进行拟合。

将参数 CDSO、CJ0、AJ 和 DJ 置于"Tweak"窗口中，对 C_{DS}-V_{DS} 特性曲线以及 4 种 S 参数的史密斯圆图进行拟合。图 11.25 所示为 C_{DS}-V_{DS} 特性曲线，此时拟合误差为 8%。

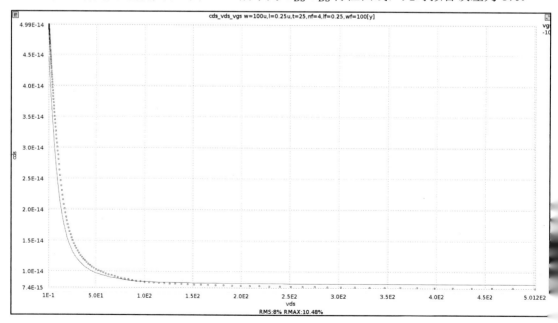

图 11.25　C_{DS}-V_{DS} 特性曲线

根据提参原理，将 CDSO、CJ0、AJ 和 DJ 从默认参数分别调整至 $5×10^{-16}$、$2.5×10^{-14}$、0.18 和 2.5。C_{DS}-V_{DS} 特性曲线的拟合误差降至 0.01%，如图 11.26 所示。S_{11}、S_{12}、S_{21}、S_{22} 的拟合误差都降为 0，拟合完成，如图 11.27 所示。

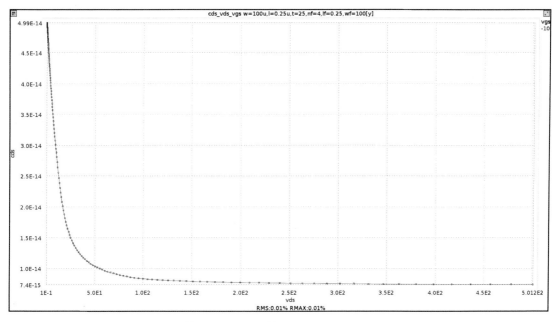

图 11.26　CDSO=$5×10^{-16}$、CJ0=$2.5×10^{-14}$、AJ=0.18、DJ=2.5 时的 C_{DS}-V_{DS} 特性曲线

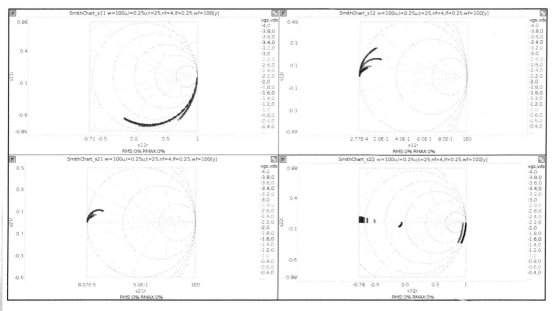

图 11.27　调参后 4 种 S 参数的史密斯圆图

3．提取栅极电阻

在射频应用中，栅极电阻对器件射频特性的影响不可忽略。在 ASM-HEMT 模型中，栅极电阻模型由式（11-12）描述，式中 G_{gate} 为栅极电导，RSHG 为栅极金属的方块电阻，

XGW 为栅极接触到器件边缘的距离，NGCON 为栅极接触的数量。

$$G_{gate} = RSHG\left(\frac{XGW + W/(3 \cdot NGCON)}{NGCON \cdot nf \cdot L}\right) \quad (11\text{-}12)$$

引入栅极电阻模型需要将模型控制参数 rgatemod 设置为 1，图 11.28 所示为 RSHG 和 XGW 都是默认值时，不同偏置下 S 参数的史密斯圆图。

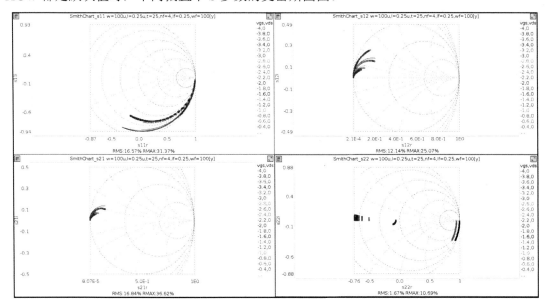

图 11.28　RSHG 和 XGW 为默认值时不同偏置下 S 参数的史密斯圆图

将参数 RSHG 和 XGW 置于"Tweak"窗口中，分别从默认值调整至 0.507 和 0.507，所有 S 参数的拟合误差都降至 0，如图 11.29 所示。

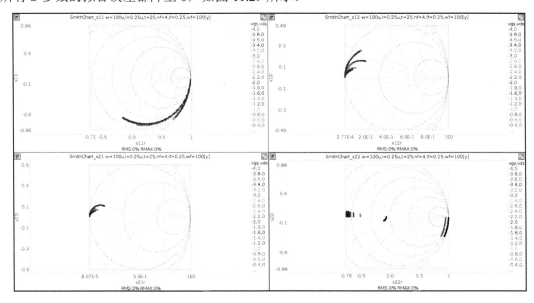

图 11.29　RSHG=0.507、XGW=0.507 时不同偏置下 S 参数的史密斯圆图

11.4　基于 ASM-HEMT 模型的非线性大信号模型参数提取

在表征射频器件的电路特性时，GaN HEMT 小信号等效电路模型对分析器件的增益和噪声等性能参数非常重要。通常以小信号等效电路模型为基础，研究器件的等效电路拓扑结构，进而研究器件的大信号特性。由于 GaN HEMT 通常工作在大功率条件下，器件存在明显的自热效应和陷阱效应等非线性效应。为了准确模拟 GaN HEMT 的非线性效应，需要对自热效应和陷阱效应等非线性效应进行大信号建模。ASM-HEMT 模型提供了 GaN HEMT 的自热效应和陷阱效应的分析和建模方法，接下来将进行简要介绍。

11.4.1　自热效应大信号模型

自热效应是指 GaN HEMT 在大功率条件下工作时，器件结温升高，温度依赖的器件物理参数（如电阻率、载流子浓度、迁移率等）发生变化，从而影响器件性能，导致输出电流和输出功率降低的现象[4]。

对于器件的可靠性而言，最高工作温度是一个重要的参数，因为器件的失效是随温度升高而指数加速的，且在栅极下存在的温度极大值点（热点）会造成器件突发失效或烧毁。因此将自热效应嵌入大信号模型中，对完善器件模型和提高模型准确性是必不可少的[5]。

在低电场情况下，电子漂移速率与电场强度呈线性相关，即

$$v = \mu_0 E \tag{11-13}$$

在高电场情况下，电子迁移率与电场强度的关系为

$$\mu(T,x) = \mu_0(T,x) \left[\frac{1}{1 + \dfrac{\mu_0(T,x)E}{v_{sat}}} \right]^{1/\beta} \tag{11-14}$$

其中，v_{sat} 为电子饱和速率，β 为拟合参数。

在高电场条件下，电子漂移速率与电场强度的关系如下[6]，其中，E_c 为电子速率饱和的临界电场，n_1、n_2、n_3 为拟合参数。

$$v(E) = \frac{\mu_0 E + v_{sat}(E/E_c)^{n_1}}{1 + (E/E_c)^{n_1} + n_2(E/E_c)^{n_3}} \tag{11-15}$$

热导率随温度变化的关系如下[7]，其中，$T_0 = 300K$，κ_0 为 T_0 下的热导率，α 为温度拟合系数。

$$\kappa(T) = \kappa_0 \left(\frac{T}{T_0} \right)^{-\alpha} \tag{11-16}$$

将以上各个参数的表达式带入 I_{DS} 方程，可以计算出考虑自热效应后的器件 I-V 特性。本节基于 ASM-HEMT 模型对自热效应的建模方法详见 10.4 节。

11.4.2　陷阱效应模型

对于 GaN HEMT 而言，尽管半导体工艺不断地改善，但电荷陷阱捕获电子、改变电荷输运等现象仍不可避免，电荷陷阱的存在会对器件的电性能产生较大影响[8]。因此，在大信号模型建模过程中，有必要对器件的陷阱效应进行研究。

陷阱效应与电荷陷阱的捕获和发射过程有关。电荷陷阱主要有两种：表面陷阱和体陷阱。它们会捕获和发射电荷，引起电子迁移率降低，破坏器件内部的电场分布，削弱控制电压的作用，从而引发栅极滞后（Gate-lag）和漏极滞后（Drain-lag）现象[9]。

ASM-HEMT 模型引入了多种陷阱效应模型[1]。不同的建模方法可以通过模型配置开关 TRAPMOD 来启用或禁用。每种 TRAPMOD 设置中的不同方式使用不同的近似来建模陷阱效应。

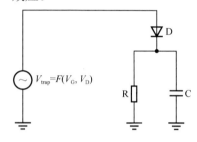

图 11.30　陷阱模型 TRAPMOD=1 的电路模型

电荷被陷阱捕获和逃离过程之间的不对称性在 TRAPMOD=1 中建模，电路模型如图 11.30 所示。使用二极管 D 来模拟非对称时间常数。在捕获电荷时，二极管正向偏置，电容 C 通过二极管充电。在电荷逃离时，电容 C 通过电阻 R 放电，二极管 D 反向偏置产生的陷阱电压 V_{trap} 被反馈到模型中，影响截止电压、DIBL 效应、源极电阻和漏极电阻等参数。

电荷捕获本质上是一种瞬态现象。电荷的捕获和逃离都需要能量，且捕获和逃离所需的时间可能不同。这导致模型十分复杂，可将捕获和逃离所需的时间设置为相同的来相对简化模型。为此，在 ASM-HEMT 模型中有两种简化模型的方法，可分别通过设置 TRAPMOD=2 和 TRAPMOD=3 来启用。

陷阱模型 TRAPMOD=3 的电路模型如图 11.31 所示，该方法适用于 GaN 功率器件动态导通电阻的建模。在此陷阱模型中，受陷阱效应影响的参数只有漏极电阻。

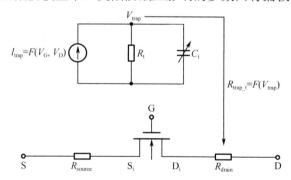

图 11.31　陷阱模型 TRAPMOD=3 的电路模型

陷阱模型 TRAPMOD=2 的电路模型使用了两个不同的 RC 子电路，如图 11.32 所示。陷阱电压 V_{trap1} 和 V_{trap2} 可以影响器件的截止电压、亚阈值斜率、源极电阻和漏极电阻等参数。在这种情况下，由于陷阱生成电流是 V_D 和 V_G 的函数，允许独立的模型调整，因此陷阱模型 TRAPMOD=2 比陷阱模型 TRAPMOD=3 和 TRAPMOD=1 更加灵活。

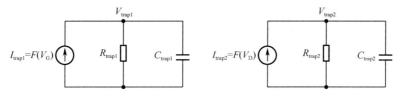

图 11.32　陷阱模型 TRAPMOD=2 的电路模型

11.4.3　负载牵引测试

在射频器件的研究中，有源器件的输出阻抗会随电路输出电压和输出电流的改变而变化。有源器件是非线性器件，阻抗值通常是复数，仅使用线性的 S 参数已不能准确地表征器件性能。为了将这种非线性且阻抗值为复数的输出阻抗与负载阻抗进行匹配，找到大功率状态下器件负载阻抗匹配的最佳点，在实际中需要运用负载牵引（Load Pull）测试技术[10]。

负载牵引测试可以通过不断调节输入端和输出端的阻抗，找到让有源器件输出功率最大的输入、输出匹配阻抗，也可以得到让功率管效率最高的匹配阻抗。这种技术可以准确地测试器件在大信号条件下的最优性能，反映器件输入、输出阻抗随频率和输入功率变化的特性。用这种技术可以测试 GaN HEMT 大信号模型预测负载阻抗特性、功率和效率的准确性。

负载牵引测试是在基波频率或谐波频率上测试 DUT 的负载阻抗，通过改变负载反射系数 Γ_L 来确定适合的匹配阻抗值。负载牵引测试的系统框图如图 11.33 所示。

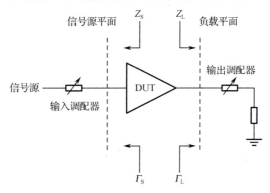

图 11.33　负载牵引测试的系统框图

Z_L 为 DUT 输出端的负载阻抗，Γ_L 为负载反射系数，二者的关系为

$$\Gamma_L = \frac{Z_L - Z_0}{Z_L + Z_0} \tag{11-17}$$

其中，Z_0 是系统的特征阻抗，通常为 50Ω。在给定输入功率的情况下，利用阻抗调配器改变源阻抗或负载阻抗，测试输入功率和输出功率及功率附加效率等参数，并记录对应的源阻抗和负载阻抗值，来获得在最大输出功率或最高功率附加效率下所需的最佳源阻抗和负载阻抗，从而得到 DUT 输入、输出匹配网络的最优设计组合。

ASM-HEMT 模型的负载牵引测试结构如图 11.34 所示[1]。虚线框中的晶体管符号代表

ASM-HEMT 模型，RF_{in} 表示输入射频功率。通过调节输入端和输出端的负载阻抗，测试在不同输入功率下，不同负载阻抗的等输出功率曲线，找出最大输出功率对应的最佳负载阻抗。

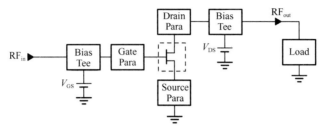

图 11.34　ASM-HEMT 模型的负载牵引测试结构

习　　题

（1）在射频应用和功率应用中，GaN HEMT 的器件结构有什么不同？

（2）画出 GaN HEMT 在零偏置条件下的小信号等效电路图，并推导出零偏置条件下寄生电容的表达式。

（3）若保持其他参数不变，调整参数 CTH0，GaN HEMT 的射频大信号特性将如何变化？

（4）画出负载牵引测试的电路拓扑结构，并解释技术原理。

参考文献

[1] KHANDELWAL S. Advanced SPICE Model for GaN HEMTs (ASM-HEMT): A New Industry-Standard Compact Model for GaN-based Power and RF Circuit Design[M]. Switzerland: Springer Nature, 2022.

[2] 郝跃，张金风，张进成. 氮化物宽禁带半导体材料与电子器件[M]. 北京：科学出版社，2013.

[3] 徐跃杭，徐锐敏，李言荣. 微波氮化镓功率器件等效电路建模理论与技术[M]. 北京：科学出版社，2017.

[4] QUAY R. GALLIUM NITRIDE ELECTRONICS[M]. Switzerland: Springer Science & Business Media, 2008.

[5] SARUA A, JI H, KUBALL M, et al. Integrated micro-Raman/infrared thermography probe for monitoring of self-heating in AlGaN/GaN transistor structures[J]. IEEE Transactions on Electron Devices, 2006, 53(10): 2438-2447.

[6] FARAHMAND M, GARETTO C, BELLOTTI E, et al. Monte Carlo simulation of electron transport in the III-nitride wurtzite phase materials system: binaries and ternaries[J]. IEEE Transactions on Electron Devices, 2001, 48(3): 535-542.

[7] CHANG Y, ZHANG Y, ZHANG Y, et al. A thermal model for static current characteristics of AlGaN/GaN high electron mobility transistors including self-heating effect[J]. Journal of Applied Physics, 2006(4): 99.

[8] BINARI S C, IKOSSI K, ROUSSOS J A, et al. Trapping effects and microwave power performance in AlGaN/GaN HEMTs[J]. IEEE Transactions on Electron Devices, 2001, 48(3): 465-471.

[9] JARDEL O, DE GROOTE F, REVEYRAND T, et al. An electrothermal model for AlGaN/GaN power HEMTs including trapping effects to improve large-signal simulation results on high VSWR[J]. IEEE Transactions on Microwave Theory and Techniques, 2007, 55(12): 2660-2669.

[10] 郑易平. 负载牵引测量技术[J]. 电子测量技术，2009, 32(9): 151-155.